DE-ESCALATE

[美]道格拉斯·诺尔 —— 著　高晓雪 —— 译
（DOUGLAS NOLL）

情绪陷阱

天津出版传媒集团
天津科学技术出版社

著作权合同登记号：图字 02-2020-230

DE-ESCALATE: How to Calm an Angry Person in 90 Seconds or Less by Douglas E. Noll
Copyright © 2017 by Douglas E. Noll
Simplified Chinese translation copyright © 2021 by Beijing Standway Books Co., Ltd.
Published by arrangement with Atria Books/Beyond Words, a Division of Simon & Schuster, Inc. through Bardon-Chinese Media Agency
ALL RIGHTS RESERVED

图书在版编目（CIP）数据

情绪陷阱／（美）道格拉斯·诺尔著；高晓雪译. —— 天津：天津科学技术出版社，2021.3

书名原文：DE-ESCALATE：How to Calm an Angry Person in 90 Seconds or Less

ISBN 978-7-5576-8567-6

Ⅰ. ①情… Ⅱ. ①道… ②高… Ⅲ. ①情绪－自我控制－通俗读物 Ⅳ. ① B842.6-49

中国版本图书馆 CIP 数据核字（2021）第 037178 号

情绪陷阱
QINGXU XIANJING

责任编辑：胡艳杰
助理编辑：马妍吉

出　版：	天津出版传媒集团
	天津科学技术出版社

地　　址：天津市西康路 35 号
邮政编码：300051
电　　话：(022) 23332695
网　　址：www.tjkjcbs.com.cn
发　　行：新华书店经销
印　　刷：河北鹏润印刷有限公司

开本 880×1230　1/32　印张 9　字数 194 000
2021 年 3 月第 1 版第 1 次印刷
定价：48.00 元

我将这本书献给我的妻子，阿列娅·道，
同时也献给和平监狱的囚犯们。
你们每个人都是我的灵感来源，
我为你们感到骄傲。

前言

在当今社会，我们每个人似乎都有这种感觉：冲突会在许多情况下消耗我们的能量。不和谐的因子隐藏在家庭、友谊与工作之中。打开电视或者翻开报纸，你将看到反政府势力、机构，甚至个人对权力的争夺。在同一档新闻节目里，主持人正用沉痛的语调播报某人夺去了他人的生命，包括家暴、恐吓等各种各样我们所不愿意接受的行为，此刻也悄无声息地在世界的各个角落里发生。一些冲突甚至渗透到了国际社会的每一个层面，最终，怀疑与恐惧将导致愤怒的爆发，而这种愤怒往往又会带来资源的浪费。

是什么让我们开始把冲突作为解决分歧的一种方式？又是什么原因导致了冲突的发生？而我们，尤其是个人与小团体，又能做些什么来改变这种不幸的结果？面对那些似乎不可协调的矛盾，我们是否能达成一种和平的共识？

上面所说的所有问题，都可以在本书中找到答案。本书为我们提供了蓝图，并教导我们利用情绪、智力和倾听技巧来解决各种各样的不和谐，小到家庭矛盾，大到政治冲突。

作为和平监狱的联合创始人，道格拉斯·诺尔通过与加利福尼亚最高安全级别监狱的囚犯们相处的经历，明白了共情，或者说"倾听"情绪（而不是只听到对方的话语内容），是解决一切矛盾问题的关键因素。掌握倾听的技巧，将使实现我们绝大多数人所期待的和平成为可能。我们每个人都或多或少地面临着不同形式的冲突，学会倾听终将会使冲突化解。

道格拉斯完美地描述了调解不和谐的步骤，他告诉我们，忽视谈话中不恰当的措辞所引发的强烈的负面情绪，不仅可以保护我们自己，使自己不被混乱与焦虑所困扰，同时还能让我们敞开心扉，去接纳他人的情感体验。掌握了这些知识后，我们便可以理解对方的感受，并通过回应对方来达成交流。利用这个简单的方法，能够有效地使谈话过程中紧绷的情绪放松下来。

虽然这些方法只是沟通过程中的基石，但它们确实为达成冲突双方都能接受的切实有效的交流提供了坚实的基础。所以说本书中所概述的一系列技巧，其价值是不可估量的。这些工具可以被运用在任何一种剑拔弩张的情境中，它们可以让之前那些看起来毫无希望、无法企及的目标顺利达成。更难能可贵的是，道格的技巧给予了我们了解他人、了解自己的机会，这一点是非常棒的。

《情绪陷阱》是一本自助书，它就像是我们与他人之间的情感沟通指南。如果我们希望和谐共生，那么沟通双方的努力都是不可或缺的。

道格拉斯的沟通法则，要求我们对自己进行身心的训练，从而使我们更能够接纳与理解情绪。我们必须抛开自我，抛弃愤怒时的冲动念头。这听起来像是在逃避、投降，但其实这只是感性认识的基础。只有了解了情绪，我们才能发觉不断升级的对峙情境背后那真正的问题所在，解决方案才会在我们的面前慢慢浮现。想象一下，如果你有能力坐下来和你的孩子面对面真诚地交流，帮助他解决此刻正在困扰他的最重要的问题，你的感觉是不是会很棒？再比如用一种冷静的方式来应对你那总是喜欢冷嘲热讽的合作者，你猜事情会不会进展得更顺利？可以预见的是，利用这些方法，将可以使那些政见对立的领导人们坐在同一张谈判桌上，展开卓有成效的对话。如果政客们都能利用这本书里所教导的方式沟通，我们所有人都会成为最终的受益者。

　　道格拉斯通过自己多年的调解经验，完善了这套模式。时间一次次地证明着他的理论的实用性。每个人都应该去读一读这本书，学习这种全新而见效的理解他人、有效交流的方法。在这个时代，这本《情绪陷阱》会是每个人的沟通入门书。

布莱特·埃尔德斯（Brit Elders），
作家、ShirleyMacLaine.com 网站 CEO

目录 CONTENTS

引言 //001

内容概述 //011

第一章 情绪的秘密

为什么情绪是沟通的关键 //6

如何正确认识情绪 //12

三个关键步骤 //20

本章小结 //26

第二章 做一个有同理心的倾听者

如何通过对话了解对方的心理需求 //31

如何避免沟通失效 //46

本章小结 //52

第三章　快速促进问题解决

如何通过沟通快速解决问题 //58

如何引导对方找到内心的答案 //63

达成协议，敦促执行 //68

本章小结 //78

第四章　当沟通遇到了障碍

对方抗拒沟通怎么办 //82

如何正确应对欺凌 //97

利用"和平圈"促成理解 //103

本章小结 //106

第五章　如果对方喋喋不休

如何提炼核心信息 //110

如何让朋友恢复平静 //115

如何面对辱骂 //121

本章小结 //127

第六章　增进亲密关系

了解对方的情绪特点 //134

如何减少伴侣间的争吵 //156

关系破裂后，如何正确对话 //162

如何安抚关系中的受害者 //168

本章小结 //175

第七章　化解职场冲突

如何与各类职场角色进行沟通 //179

如何增强领导力 //204

本章小结 //206

第八章　提升个人魅力

如何提升自我情绪觉察 //210

如何进行自我安抚 //218

如何达到超然无我的状态 //221

本章小结 //225

第九章　提升教育品质

如何构建和谐的教育氛围 //229

如何与孩子进行正向互动 //234

如何与家长开展建设性交谈 //243

本章小结 //256

后　记 //259

引 言

亲爱的考弗女士：

我名叫苏珊·拉索，是山谷州立女子监狱（Valley State Prison for Women）的一名囚犯。写这封信给您，是希望您可以考虑为我们的社团举办一次调解技术方面的研讨会。我们社团里的女性不仅希望能成为更好的自己，也希望能够更好地帮助其他人。我想一个调解研讨会将不仅仅使囚犯们受益，也能让工作人员从中获得好处。您可以先教我们小组里的女孩子，之后我们会将所学到的东西分享给其他小伙伴们。

希望您可以考虑我的提议，期待能很快收到您的回信。感谢您抽出时间来阅读我的请求。

谨启！

苏珊·拉索

山谷州立女子监狱

劳蕾尔·考弗，我的挚友与同事，让我读一读这封她刚刚从苏珊那里收到的来信，并问我："你怎么看？"

"我做。"我毫不犹豫地回答道。如果能让囚犯们变成和平的缔造者，我们就可以彻底地证明任何人都能促成和平，从而停止世界各地的纷争。假如这个方法能在一个充满暴力的、最高安全级别的监狱里奏效，那么它又有什么理由在其他地方不成功呢？

然而让这项计划获得批准可不是一件容易的事情。尽管我和劳蕾尔两人都是经验丰富的律师，但这还是我们第一次和监狱机构打交道。好在最终我们还是获得了支持，因此 2010 年的 4 月，我们开始了第一个小组的训练工作。

当时，山谷州立女子监狱被誉为世界上最大的、最暴力的女子监狱。监狱内共有 3480 名犯人，全部挤在一个容量为 2400 人的设施内。我们试验组的十五名女性都在服刑，有的甚至被长期监禁。她们来自不同行业、不同种族，有着不同的教育水平和社会经济背景。她们顽固、封闭、易怒、深受伤害。她们是被现代社会遗忘的底层人群。我们不确定我们的技术是否能应对这些棘手的案例，但这些妇女想结束在监狱生活中的争斗与争吵，并且需要方法来实现愿望。

我无法形容第一次踏进最高安全级别的监狱的那种感受。我不是一个会被轻易吓到的人，但当我通过中央控制室，听到安全门一扇扇滑动开来的声音，我的注意力开始紧绷，我知道此时此刻我们已深入虎穴。

我们被分配到 D 院项目办公室的会议室。穿过主庭院，走差不多四分之一英里①就是 D 院。那是个典型的干冷而清爽的四月天清晨，我们穿行在加利福尼亚中央谷地，劳蕾尔和我安静地向前迈步，同时观察着监狱环境的细节：高高的围墙上端缠绕着剃刀形状的金属丝，高耸的警戒塔矗立在边上，广大而贫瘠的土地上并没有种植蔬菜，这是昏暗、压抑、荒凉之地。

当我们抵达 D 院办公室的时候，立刻注意到了墙上并排的长方形的牢笼。这些牢笼是用来控制愤怒的犯人的，愤怒的犯人会被关押在里面，直到警卫可以控制住她们为止。警官带领我们进入会议室，在昏暗的荧光灯照射下，公共机构常见的绿漆墙面和单调的混凝土地面显得十分乏味无趣。一半的座椅都是坏的，废弃的电脑堆在墙角。房间阴冷而不适于居住。劳蕾尔和我习惯了在明亮而宽敞的大学教书，即使是最糟糕的时候，我们也会在酒店的会议中心里授课。而这显然和我们过去所经历的大不相同。

在接下来的十五分钟里，我们的学生陆续进入教室。黑种人、白种人、黄种人，年轻人、中年人、老年人……都是女人，都是长期服刑或被判无期徒刑的犯人。她们穿着蓝色的监狱服，

---

① 英里：约 1.6 千米。

有的没有化妆，有的只轻描淡写地画了几笔。有几个人戴着墨镜，头饰从棒球帽到嘻哈头巾各不相同。

我感受到了一些令人刺痛的抱持着怀疑的目光，也能感到另一些人温顺但害怕的眼神。我能够从她们的眼神中解读出她们的疑惑："这个高大笨拙的白人老律师到底想在这儿干什么？"

于是，我们的工作开始了。

在训练的第四周，我意识到一种有力量的变化开始发生了。

那一天，我们早早来到了监狱。当时的我仍无法习惯厚重的大铁门在我身后嘎吱作响的声音。

我们走过那四分之一英里的路程来到D院的项目办公室，那个破旧的会议室现在已经变成了我们的教室。

荧光灯无力地闪烁着，一名叫萨拉的囚犯已经早早来到教室里了。她坐在遥远角落里的一把金属折叠椅上，静静地抽泣着。劳蕾尔半跪在她身边，而我则保持着一个谨慎的距离站在一旁。

劳蕾尔轻声问道："发生什么事情了，萨拉？"

萨拉沉默了一会儿，然后对我们说："我来到监狱已经很多年了。我有一个儿子，他和我母亲住在一起。我每周都给他写信，可三年来从未收到过他的回信。我只能通过我母亲知道他的近况。"

"两周前，我决定试试你们教给我们的方法。我写了一封不一样的信，用了你们讲述的技巧，信里我说他这些年一定很不好过。我只在信里描述了自己想象中他的情况，但一句也没有提到我自己。"她说道，这是我们几周前讲过的一种核心倾听技巧。

然后她举起了一张纸和一张相片："今天，是这三年来第一次,我收到他的回信。之前他真的很生气,好在最终他觉得我还是在听他倾诉的。他告诉我他找了一个女朋友,并且还想来监狱看我。"她一边说着一边又啜泣了起来,但显然,这是快乐与幸福的泪水。

劳蕾尔和我互相对视,此时此刻我们真切地感受到了这些技巧所蕴含的极大能量,这改变了学员们的人生,也拯救了她们的家庭。倾听的技巧改变了萨拉,她通过写信来"倾听",并获得了多年来一直与她疏远的儿子的回信。

从那天起,我们见证了数以百计的类似的故事在囚犯们的身上发生,不仅是在山谷州立监狱,其他监狱也是一样。通过电话或来访,他们解决了和父母、兄弟姐妹、孩子之间的纠纷。一名男性囚犯利用新学到的倾听技巧,在十五年后的今天,与自己的前妻达成了和解。当我们的和平缔造者们通过这个项目熟练地掌握了共情倾听和降低愤怒的技巧时,他们的家人、朋友甚至是狱友们都能感受到这种意义深远地改变所带来的好处。

这之后,我们扩大了培训规模,增加了两个女子监狱和一个男子监狱的授课。最终我们在每个监狱内部都训练了核心的骨干,让他们能够独立去训练其他的囚犯们。2017年,我们的"和平监狱计划"为任何想要学习如何快速避免暴力发生的囚犯们提供研讨会与培训。到目前为止,超过15 000名囚犯从600位新晋的调解员处受益。在获得了捐款之后,我们将整个计划的规模扩大到了总计十一座监狱。有些监狱里有我们的学员,因此他们能够很快地转换身份,并开始帮助新群体进行练习。另外,我们的一名同事还在希腊的雅典展开了和平监狱计划。在意大利与法国,和平监狱计划也正在筹划启动。

所有这些连锁反应,都源于一名女性的信,这名女性的名字叫作苏珊·拉索。

和平监狱计划是我职业生涯中最意义深远的经历。我一次又一次深深地被那些囚犯们所触动,他们努力学习如何认真而有同理心地倾听他人,学习如何领导他人解决问题,来避免监狱环境内的暴力冲突。他们想要学习、想要进步、想要服务社群的渴望,是我努力扩展"和平监狱计划"的动力。我希望每一个想要学习这些技巧的人,都能够如愿以偿。

我的目的是教会你们如何迅速而有效地使冲突降温,不论是在什么情境下,不论对方是什么人。这样做可以使你避免失去对自我的控制,让你保持镇定。你会因掌握了这项新技能而感到自信,因为通过运用这项新技能你可以去应对那些在家庭、职场、社区中令人感到心烦意乱的人;你可以在不失去冷静的情况下接纳别人对你的侮辱、挑衅和不尊重;你将能够站在激烈的情绪面前,在正确的时刻用正确的方式说出正确的话。简言之,你将对你的情绪产生极大的控制。这将会给予你一种你从未想象过的力量。

当你学习并掌握这些技巧时,你将体验到五个强有力的转变。

第一个转变将在你意识到人是感性而非理性的存在的时候发生。当你能够摆脱人"生而理性"的观念,你对身边的人的行为与态度便开始有了改观。你将会减少评判与批评,转而更多地去理解与共情。

第二个转变将在你了解情绪失控的时候发生。我把情绪失控叫作第一宗罪。它无处不在，令人受伤。在后天的家庭或社会环境影响下，我们学会了否定他人的情感，并用这种方式缓解我们自己的焦虑。实际上当你开始意识到情绪失控的时候，你其实是有能力去阻止它的。

第三个转变将在你理解并能够开始练习感情标记的时候发生。这是一种倾听他人情绪的技巧。当你第一次成功地倾听你那愤怒的孩子或情绪失控的伴侣的心声，你的人生将发生永久的改变。你将会见识到学会真诚而具有同理心的倾听能拥有怎样巨大的力量。

第四个转变会在你练习对他人做情感标记后发生。某些时刻，你会发现自己在倾听自身的情感经验。你会发现你能够让自己变得冷静、集中，不论面对发出什么挑衅，都不再立刻冲动地做出回应。

第五个转变将会出现在倾听过程中。你会感受到无我的状态。当你倾听他人的讲述时，你的自我消失了，你感受到的会是最真实的本质。这是人最根本的状态。

本书将指导你运用这些技巧来面对任何你可能经历的挑战。当你拥有了应对周围人的情感体验的自信与能力，你将会感受到上面所说的五种转变。而你的人际关系也将变得更加和谐、更加深入、更加有益。

不再需要争吵，不再需要通过冲突来应对恐惧。当你成长并开始转变，你身边的其他人也会跟着一起变化。你将把情感能力作为珍贵的礼物赠送给你生命中的人们。你将会变成一个优秀的老师与和平缔造者。而在许多关键时刻，这种人正是我们最需要的人。

在当今这个浮夸、荒唐且充满赤裸裸的侵略的社会里，礼貌是非常珍贵的。在超市的长队中、在学校里、在饭桌上、在办公室内、又或是在政治场合中，我们都需要用这些技巧来面对强烈的情绪，这样我们才能解决问题，帮助那些怒火冲天的人们缓解愤怒的情绪。

我亲眼见证了一些无私奉献的囚犯将监狱里的暴力转变为和平。你的努力将使身边的其他人发生转变。当越来越多的人去学习并实践本书中所讲述的技巧，我们将会看到礼貌与和平的现象出现稳定而显著地增长。就像政治学家与作家罗伯特·阿克塞尔罗德（Robert Axelrod）在20世纪80年代做的计算机模拟所证明的一样——"鸽子将赶走老鹰"。

阿克塞尔罗德写道："假设每次只来一个新人，'自私者'的世界将免受任何人的侵略。但问题是，在这样一个全部都是自私者的世界里，没有人会互相合作。然而，如果新来的人进入了这个小集群，他们将有机会促使合作发生。"阿克塞尔罗德发现，在解决冲突时，和平合作比侵略与暴力更为有效。即使只有一小群人是鸽派（温和派），当他们进入鹰派（主战派）的领域，最终也能将暴力驱除。

我们在监狱里观察到了这种效果。当调解员们进入到那些不知和平与合作为何物的小团体中时，改变发生了——暴力与恶行减少了。仅仅只是一小队调解员便使整个监狱的环境改变了。我相信同样的事情也会发生在你的生活、家庭、社群里，只要你这个少数人愿意去学习这些技巧,并将它们运用于每一天的生活中。

总而言之,掌握并实践这些沟通技巧,将帮助你:

- 减少争论。
- 增进理解与共情。
- 改善重要关系。
- 用一种深刻的方式去倾听。
- 创造一个礼貌的新环境。
- 为有着完全不同信仰的人们提供交谈的机会。

内容概述

　　随着人生的推进，我们看重的事物与目标也在不断地变化着。本书遵循一种系统而典型的生活轨迹，并提供许多真实生活中的例子，来帮助你们练习与掌握这些技巧。虽然你可能会想跳过其中的一些部分，但按顺序通读将使你学到最多的东西。每个章节都有许多宝贵而通用的课程、观念与工具，虽然有些特定的主题与情景，此时此刻你可能还用不上。举个例子，你此刻还不是一个需要面对易怒的孩子的父母或祖父母，但这两章里仍然有许多有用的训练，也有一些你可以轻松完成的角色扮演。你会发现使一个青少年镇静下来的技巧同样适用于任何一个情绪沮丧的人，不论他是什么年纪，不论处于何种情景。所以我的建议是，为了掌握降低愤怒程度的技巧，把所有的章节都读一遍，之后再随你所愿地回到那些与你生活有关联的章节里去。

　　本书第一章讲述了共情背后的基础技巧，同时也讲述了关于我们是感性的人的理解，这将帮助你获得一种新的视角。第二章我们要开始着手行动，教你如何倾听，如何做一个有同理心的倾听者。你将学会面对你的孩子的愤怒、沮丧、失落。不要去无视孩子们的感受，这是本书中最有用也最有力的重点，也是学习共情技术最棒的切入点。

我的学生总是问我："好吧，我已经让其他人安静下来了，下一步我该怎么做？"第三章便回答了这个问题。我们提供了一些解决问题的技巧，这些技巧在"和平监狱计划"中非常奏效，特别是在确定个人责任方面。接着，第四章着眼于青少年的情感领域。青少年需要与同龄人形成感情连接，而这通常意味着他们与父母和家庭的连接会减少。对父母来说，这可能是一段令人沮丧的时期，但学会如何与青少年交往将大有益处。本章还提供了应对欺负行为的案例，并讲述了如何有效地利用"和平圈"来培养深度倾听的能力。

接下来在第五章里，我们介绍了提炼核心信息以及面对侮辱与不尊重时可以采用的有效应对方式。第六章我们来到了亲密关系的世界，在这里我们与伴侣们形成情感上的连接。本章中我们还深入地探讨了一段健康婚姻中所涉及的复杂情绪与针对这种情绪的倾听技巧，同时证明了离婚后的关系也能够被很好地处理。我们尤其侧重讨论"受害者"的六种需求。成人生活还包括复杂的职业生涯与人际关系，这也是我们第七章的主题。最后，在第八章，我们侧重地讲了一些你可以用来使自己逐渐变得冷静的工具，让你能够更好地自我觉察，达到无我状态。

第九章是一个特殊的章节，它带领我们进入教室。我曾为中学老师们讲授过这些技巧。本章中我将会向你们展示，当老师面对品行不端的行为，给出一种强力而有感情的回应时，班级管理将会产生怎样的不同。对于所有的教育工作者和家庭来说，这都会是一个具有深刻意义的章节。

就如同我对我的学生们说的那样，时刻接受新思想。有些思想可能是违反常识而独特的。但即使它们对你来说异于寻常，也请记住，这些思想都是经历千锤百炼，从那些非常灰暗的高度情绪化的情景中提炼出来的。正如你将学到的，这背后有一套严谨的科学理论。相信这些方法并开始练习吧，这样你就会发现改变来得比你期待中还快。

第一章
情绪的秘密

我学到了很多东西，倾听的技巧给了我很大的帮助。这让我知道可以在对话中用合适的方法吸引他人，也让我的思路变得清晰，还给了我很大的自信。这一技巧改善了我与朋友、家人、陌生人之间的关系，让我能够平静地交流，静静地等待我的发言时间，并且真正认真地倾听对方和我说的话。当我对对方说的话进行回应时，他们能感到自己真的是被倾听着的，有效的对话就这样展开了。

上周，我被同一狱仓里的一个室友骂白痴，这种侮辱让我感到非常生气。但在发火反击，诉诸武力之前，我意识到了我的感受和情绪，并耐心等待直到怒火平息。我用一种平静的语气回应了他，并抱持着解决问题的态度与他沟通。当我如实地形容了他的愤怒，并接纳了自己的愚蠢，他立刻就侮辱我一事道了歉。他解释说只是感觉自己不被尊重，因为他试图和我讲一些什么，而我没有倾听。之后我也为没有认真倾听而道歉（我并没有不尊重他的意思），并告诉他我接受他的道歉，他的道歉让我感觉好多了。

倾听、反馈、说明、验证，这个模式真的奏效！

——布赖斯·马克，山谷州立监狱

你是否曾遇到过下面几种类型的人：

- **愤怒不快的人。**
- **无法沟通情感的伴侣。**
- **不同意识形态或信仰的伙伴。**
- **仗势欺人的暴徒。**
- **恼人的老板。**
- **沮丧的合伙人。**
- **焦虑不安的朋友。**
- **伤心难过的家庭成员。**
- **不开心的客户。**
- **沉默的、不回话的孩子或青少年。**

你能够在多大程度上应对这些人？那些糟糕的问题是否曾变得更糟？你是否曾被对方气得跺脚，想过逃离、想要大吵大闹？你是否愤怒地反击过他们，发生过强烈的争执，甚至大打出手？

面对这些难以处理的问题，如果你的答案一度是肯定的，那么本书中的技巧一定会适合你。它们将教会你如何在九十秒内让一个愤怒的人冷静下来,并让他把注意力集中在真正的问题上,不论他处于哪个年龄层,不管他是孩子还是大人。与此同时,你将学会如何让自己快速而有效地冷静下来。

我告诉你的这些技巧,已经在加利福尼亚州的一些最高安全级别的监狱中,由那些无期徒刑的服刑人员亲自验证过。这些囚犯利用本书里的技巧,成功地摆脱了暴力、帮派斗争、争吵和欺凌。许多囚犯都和我说,如果他们能够在十年、十五年甚至二十年前学到这些技巧,那么他们今天就不会在监狱里了。这使我恍然大悟,让我明白自己不应该仅仅局限于监狱的高墙内,而是应该让每个人都知道这些秘诀。从那以后,我开始将这些技巧教授给老师、律师、法官、调解员、学生,现在则是正在看这本书的你。

在开始深入讨论之前,我想先简单介绍一下我是如何发展这些共情技巧的。当我刚开始在调解领域工作时,我所了解到的调解人与和平创造者们所运用的技巧,都是参考早期从业者的经验得来的,关于哪些技巧真的有用以及为什么有用的科学研究少之又少。

在20世纪90年代末至21世纪初,神经科学领域的研究非常有限。随着科研工作者在人类大脑方面的研究产生新进展,这一领域开始迅速扩大,并与我当时所开始的关于人类冲突方面的研究产生重合。我意识到一切都始于大脑,因此,我开始阅读大量的文献,关注社会心理学和认知神经科学,想要找到那些关于脑功能与认知加工方面的新发现,来为谈判桌上的和平沟通带来帮助。这也是第一部描写冲突神经心理学的著作,并收录在我的第一本书《创造和平：法律与人类冲突交错中的实践》(*Peacemaking: Practicing at the Intersection of Law and Human Conflict*)的第六章中。

我的一些早期观点来自对大脑恐惧反应系统的研究。我了解了神经递质的工作方式，认识了内啡肽、多巴胺、血清素、后叶催产素和氢化可的松对人类平静、攻击行为产生的重要影响；我知道了人类是拥有思考与归因能力的感性存在；我明白了我们的行为大部分是自动的，我们所拥有的自由意志，其实并没有自己所认为的那么多；我学到了认知偏差、决策中的曲解以及大脑中决策系统的类型，这让我对大脑有了更深刻的认识。

所有这些知识改变了我对调解的认识，改变了我看待他人的方法，改变了我在工作中与他人互动的方式。我摒弃了所有没有科学支持的传统经验，开始探索一种能够将科学应用于现实生活实践的教学方法。知识本身是好的，但我想去寻找更好的方法和工具来帮助人们解决冲突和问题，尽可能快地减少潜在的暴力人群和冲突情境的数量。

多年来的研究让我接触到了加州大学洛杉矶分校社会认知神经科学家马修·利伯曼（Matthew D. Lieberman）和马克·亚科波尼（Marco Iacoboni）的工作。他们对人脑如何加工社会信息方面的看法深深地影响了我在实际调解过程中的理念。可以说本书中所阐述的共情技巧，正是部分基于他们以及许多其他人的研究，才能成为帮助人们在实际过程中应对愤怒的有效工具。

为什么情绪是沟通的关键

在本书中,你将学到一种全新的倾听方式。你将学会倾听情绪的方法,并将这些情绪如实反映给说话者。这个听起来非常简单的方法在过去可以说是激进且反传统的,这也是为什么它以前没有被广泛传授的原因。

在西方哲学、宗教和心理学史上,与理性思维相比,情绪往往被认为是不可靠的、危险的甚至是邪恶的。我们太过关注人们说出的内容,却很少注意他们的情感体验。如果有人体验到了情绪,他或她可能会被冠上缺乏理性的头衔,有时甚至比这还要更糟。

感情非理性论是由古希腊哲学家柏拉图(Plato)最早提出的,他认为理智与推理应该优先于情绪反应。在《斐德罗篇》(*Phaedrus*)中,柏拉图把人类的大脑形容为驾驭者,这个驾驭者指挥两匹马,一匹是非理性而疯狂的,另一匹则是理性而优秀的。驾驭者的职责是控制马匹走向教化与真理。简而言之,他认为情绪是坏的,理性是好的。这一信念影响西方思想长达数千年，人们一直都认为情绪是理性的绊脚石。

早期的基督教派通过新柏拉图派哲学将这种理性优先于情绪的信仰发扬光大，希波的奥古斯丁（St. Augustine）是公元5世纪时教会中最重要的神学家，他将新柏拉图主义融入自己的著作。其结果是，通过将《圣经》与古希腊哲学混合，基督徒们开始在情绪与理性之间斗争。新柏拉图主义在启蒙运动创始人之间发现了另一位忠实信徒。勒内·笛卡尔（Rene Descartes）以自己的主张"我思故我在"而闻名，和前人一样，笛卡尔也拒绝承认情绪的重要性，认为理性优于感性。

用现代术语来类比，这种冲突就是我所说的斯波克综合征（Spock Syndrome）。就像你可能知道的那样，斯波克先生（Mr. Spock）是《星际迷航》（Star Trele）电视节目和电影系列中的角色，他在剧中担任科学官。身为半人类半瓦肯人（虚构科幻电视剧《星际迷航》中的一种外星人），他不断地挣扎于理性和情感之中，而这种挣扎在许多剧集中创造了巨大的戏剧效果。一般说来，斯波克会沉浸在情感的弱点中，与内心的道德和意识形态做斗争，并最终否定自己的情感。但当我们看到斯波克清醒过来，重归理性时，我们会感到非常欣慰。而这背后所隐藏的信息是，其实我们都会在情感自我和理性自我之间挣扎。只有当理性通过否定情感而获胜时，我们才会感到安全。

星际迷航的天才制作人吉恩·罗登伯里（Gene Roddenberry）很清楚地知道西方文化中存在的情感理性冲突。他在剧中巧妙地运用这种冲突，使斯波克这一角色成了柏拉图思想中纯粹理性的缩影。剧中的其他角色也有着不同的对应，比如麦考伊医生（Dr.

McCoy）象征着感受与情绪，星舰的工程师斯考提（Scotty）则是掌管着变形驱动器（warp drive）的技术专家（而他也面对着持续不断的爆炸危险，这就像情绪一样，能够杀死船上的每一个人）。最后，由舰长詹姆斯·寇克（James Kirk）来管理他们所有人。

情绪与理智冲突造成的影响一直延续到了现代文化中。我们的文化一开始就教导我们，情绪会干扰清晰的、拥有逻辑的、基于现实的思维。情绪会扭曲知觉和记忆，而这并不受到人们的控制。此外，如果人们让情绪支配大脑，将会产生许多麻烦。情绪需要被抑制与控制。简而言之，与理性相反，情绪被视为需要尽可能去避免沾染的危险事物。

西方文化过分强调理性，剥夺了我们有效地管理情绪和发展情绪智力的能力。一直以来，我们都假设情感技能将随着成长自动获得。但其实不同于其他基本社会技能，事实上没有任何一种针对情感能力的正式培训方式。我们中的一些人的确掌握了情感上的智慧，但仍有许多人没有机会接触这种智慧。摆在我们眼前的事实是，情感能力是一种必须被教导和学习的能力。

情感能力缺失所造成的损失可以通过死亡和疾病来衡量。如果你的工作生活中充斥着争吵、打架与冲突，那么你相当于在慢性自杀。丹麦研究人员发现，经常争吵或打架的人罹患癌症、糖尿病和心脏病的概率是不这样做的人的十倍，而他们的死亡率则比平常人高出两到三倍。即使将慢性病、抑郁症状、年龄、性别、婚姻状况、社会支持、经济状况等因素都考虑在内，这个结论依然适用。

在这项研究中，哥本哈根大学的里基·伦德（Rikki Lund）

和她的同事收集了将近一万份年龄在三十六岁到五十二岁之间的男性和女性的数据,这些人参加了丹麦的一项工作、失业和健康的纵向研究。参与者需要汇报他们日常的社会关系,他们尤其需要指出,在与伴侣、孩子、其他亲戚、朋友和邻居的相处过程中,哪些人提出了过分的需求,引发了什么冲突或困扰,而这些问题发生的频率又是多少。利用"丹麦死因登记报告"(The Danish Cause of Death Registry)的数据,研究者们得以追踪到从2000年起至2011年底近12年的参与者数据。

研究人员发现,与过度要求、冲突、争论相关的压力会使死亡风险增加50%~100%。在所有这些压力中,争论导致的压力是最为有害的。对比很少争吵的人,那些经常与伴侣、亲戚、朋友、邻居发生口角的人的死亡风险,比其他任何原因导致的死亡风险高出一倍以上。

与柏拉图、新柏拉图主义、早期基督教会和笛卡尔的观点直接冲突的是,我们发现人类的健康与活力显著依赖于健康的情绪状态。就像丹麦的研究所表明的那样,长期的争论、冲突除了缩短生命以外一无是处。另外,最近的一些神经科学方面的研究表明,思考与理性实际上是取决于情绪的。举例来说,在菲斯特(Pfister)与博姆(Böhm)的情绪功能框架中,情绪在理性决策中扮演着四个关键的角色:

· 通过表达愉快与不愉快,提供了决策信息。
· 提高速度。比如饥饿、愤怒与恐惧都可以诱发快速决策。
· 评估相关性。具体来说,后悔或失望的感觉可以帮助决策者做出选择。

· 强化承诺。与单纯的个人利益相比，内疚、害羞、爱情等道德感情会影响个人决策。

没有感情，我们就不能做到理性。没有感情，我们就不能成为人。

让我们来做一个实验。如果你手头有任何类型的可以提供音频广告的设备，请打开它。不管是收音机、智能手机、平板电脑，还是台式电脑，都没有关系。可以是视频广告，也可以是纯音频广告。如果你选择了一个视频广告，请尽量不要看图像，只听广告的音频部分。

当听这则广告时，你不要理会广告台词，请完全忽略广告的文字内容。作为替代，看看你是否能猜出这些单词想要传达的情绪。当每个单词出现时，请你在脑海里给它们命名，如果不确定就用猜的。

这些情绪分别是什么？在二十到三十秒内，一共传递了多少种不同的情绪？

我第一次尝试做这个练习的时候，在等候室里听了一些内容非常愚蠢的广告，但我只关注其中传递出来的情绪。在二十秒内，我感觉到了这些情绪：

· 焦虑。

· 恐惧。

· 尴尬。

- **希望**。
- **兴奋**。
- **安心**。

  我感到非常惊讶。没想到二十秒内竟然能传达出这么多情绪。正如我所想象的那样，这个发现是非常有意义的。广告宣传某种产品，广告内的演员则经历了一系列的情绪体验，从焦虑慢慢变为安心。当然，安心感的出现往往是在使用产品解决了问题之后。但为了达到使用产品带来安心感的目的，演员们必须在此之前体验我们列出来的其他情绪。

  作为听众，我也自然而然地体验到了这些情绪，而这也正是广告公司希望我去体验的。他们的意图很明确，如果我在这二十秒钟内与演员一起坐上了情绪的过山车，那么我可能会觉得使用他们的产品能带来希望、兴奋与安心感，从而决定去购买它。

  如果你能识别出你听过的广告语中的情绪，即使只有一种，你都有机会可以快速有效地让任何一个愤怒的人变得冷静。你需要做一些练习，但也不需要做的太多。忽略文字的表面意思是一个需要被养成的习惯，因为我们通常只听文字内容，而不是背后蕴含的情绪。这是一种不同的倾听方式，也是一种强大的工具，它改变了和平监狱计划中许多人的生活，也是我日常工作生活中常常使用的方法。一旦你学会了运用它，你就会想要每天都使用它，并且会发现它在有效地改变你的生活。

如何正确认识情绪

我想用这本书开启一种新的沟通方式。在这种沟通方式中,我们应对情感的能力将等于或大于理性思考或解决问题的能力。通过开发我们的情绪智力,我们将学到一个非常重要的秘诀,即如何在几秒钟内使任何愤怒的人或剑拔弩张的情况平静下来。这个秘诀只需要你做两件简单的事情:

- 忽略话语的表面意思。
- 猜测其中蕴含的情绪并如实地反映。

简单地说,你需要先去做一些心理调整,克服刻板印象中对情绪的文化厌恶。像掌握任何新技能之前一样,你需要先做一些练习,并不需要做很多,但是要去做。在我们能够真正实践和掌握这个过程之前,让我们花些时间来了解一下我将要讲述的概念。这些概念是:

- 情感标记。
- 情绪：情感和感觉。
- 情绪分类。
- 情感粒度。
- 述情障碍。

情感标记

情感标记是指在倾听另一个人的情绪体验时，用简短的"你"字开头的陈述句来反映这些情绪的过程。一个典型的情感标记示例可以是："你很生气。"我特意使用"情感标记（affect labeling）"这个词，因为它能够最准确地描述倾听和反映他人情绪的过程。它在科研文献中是一个非常常用的概念，但我想它应该更广泛地用于我们的日常对话中，来描述让人们平静下来的方法。

不同于其他形式的即时反应性倾听，如果你想让某人平静下来，你必须忽略他说出的文字内容，并将注意力集中在情绪本身上。这对许多人来说是与直觉相违背的。我们从出生时就学会了注意他人的话语。话语能够传达许多有用的信息。我们习惯去听、说、读单词，这项技能深深地埋藏在我们的内心中。但我们却不会学习倾听他人的情绪。是的，我们可以认知到他人正在生气还是感到沮丧，却并没有真正深入地倾听过他们的情感体验。

这就是学习忽略文字的内容，只关注情绪这一行为能够成为本书秘诀的原因。当你掌握了这一点，你就可以轻松而迅速地让大多数人平静下来。当然，在有些情况下，单纯让人冷静并不能解决问题,运用这种方法甚至压根就是不合适的。但那些情况在我们的日常生活中是极为罕见的。我们关心的是更常见的争论、愤怒、挫折和烦恼。而这些情绪如果没有得到解决,就很可能导致争斗的发生,在更糟的情况下甚至会带来暴力冲突。

情绪:情感和感觉

情感是我们对特定经验所产生的关于生理、认知和心理特质方面的总和。情绪的生理部分由情感和感觉两部分组成。

"情感"一词被用来描述大脑因记忆或外界事件而发生的生理变化。让我们想象一下,你正走在沙漠的小道上,突然看到一条盘绕的响尾蛇。只需瞬间,你大脑中的无意识系统便会引起神经元的警报,神经化学物质被释放以应对这种突如其来的危险。当这种大脑活动出现在情感中枢时,便被称为"情感"。情感是情绪的生物学基础之一。

尽管科学界对我们拥有的情感数量看法不一,但我更倾向于认同心理学家西尔万·汤姆金斯(Silvan Tomkins)的九种情感模型。在他的模型中,情感被分类为积极的、中立的或消极的。下面的插图列出了这九种情感类型:

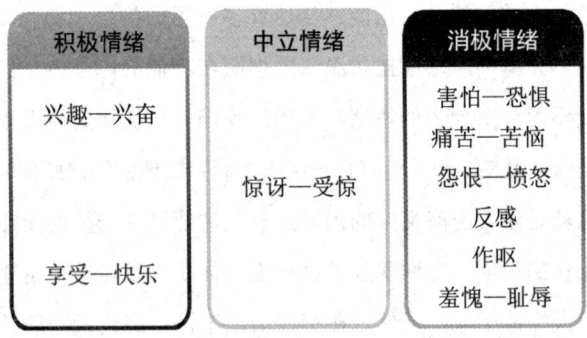

在我应用这九种情感时，通常我只选取其中六种，并改述其中的一对儿。比如我会去掉作呕（Dissmell），并加上悲伤—羞愧—耻辱与被抛弃感或不被爱的感觉。汤姆金斯认为作呕是一种基本情感，当我们闻到坏掉的牛奶、新鲜的粪便或腐烂的有机物时，我们就会自动产生作呕的反应。当气味刺激到达大脑，人们回头躲避并皱起嘴巴，作呕就会发生。然而，它不是我们用来描述情绪的词语。为了简化问题，我们可以从列表中删除它。

经验告诉我，在处于愤怒和恐惧之中时，人们常常会体验到深深的无法摆脱的悲伤。许多人也有过被抛弃或不被爱的经历。添加这些感受到列表中，是因为它们在生活中经常出现。

这些情感中的每一个都与大脑内对环境线索和记忆做出反应的系统相关联。例如，恐惧与大脑中被称为杏仁核的部分有着密切的联系；厌恶似乎起源于脑岛等。有些脑系统是为人所熟知的，而有些则还没有被人们完全认识。好消息是，我们并不是神经科学家，不需要去掌握这些知识。我们只需要知道，这些系统会在我们无意识的情况下做出反应，来应对我们面对的情境。

情绪的另一个物理属性是我们通常称之为感觉的东西。例如，当我感到沮丧时，我的脸涨得通红。我的脸红是由血液冲进毛细血管引起的。我觉得热，我的脸红了。我了解到这种感觉与我周围的事物有关，我认为这是令人沮丧的。

现在让我们重复一遍，情绪有两种物理属性。

1. **情感**：大脑中正在发生什么。
2. **感觉**：身体里正在发生什么。

情绪分类

情绪当然也存在着心理上的，或者说是认知上的一面。为了让我们能够准确理解究竟是什么在唤起我们的情感体验，我们必须要建立一个情感范畴的心理认知系统。从生活经验中，我们学会了如何把愤怒带来的情感和感受归类到愤怒的情感中。这种心理过程就被称为情感分类。

简单来说，我们的大脑和身体会被某些事物唤起，于是我们评估这些事物，为它分类，给它做上标记。情感分类已成为人类发展史上的一个重要组成部分。它来源于生活经验，并很大程度受周围的文化所影响。因此，部分情感是以社会为基础的。你能教给孩子的最有用的技能之一，就是教他们如何将正在体验的情绪进行归类。当他们学会认识和分类他们的情绪时，他们就获得了移情与交流的能力。

情感粒度

紧跟在情绪分类之后的概念是情感粒度。情感粒度是指人们对情感经验的精细化标记。人的情感粒度程度是不同的，粗粒度的人只能笼统地形容他们的感受，举个例子，粗粒度的乔能够感受到愤怒的情感，却不能讲出自己内心的感受。他只想走出去踹什么东西一脚，因为他无法向他人表达自己的内心到底正在发生些什么。

中等粒度的玛丽能够在感受到生气的同时将这种感受归类为

愤怒。她可以用一种粗暴的方式告诉别人她生气了。而细粒度的彼得则在感受到愤怒之后，立刻意识到这种情绪是愤怒，并进一步将其概括为强烈的烦恼。

高情感粒度的人展现出了更高的情商，他们有更好的自我控制力，并可以在情绪爆发前做出更好的选择。而那些低情感粒度的人则表现出较低的情商和较弱的自我控制力，他们难以在沮丧的时候做出合理的选择。下图展现了情感粒度的不同水平：

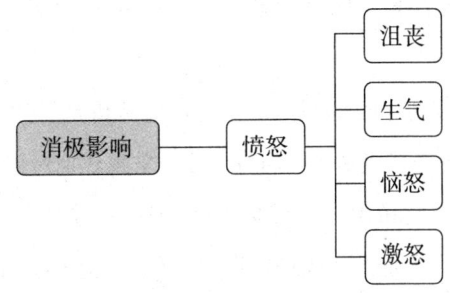

述情障碍

最后一个概念是述情障碍。这是个很大的概念，也是一个非常重要的概念。述情障碍的人无法精确或深度地表达他们的情感，他们缺乏情感粒度。因此，当情绪涌上大脑的时候，他们的反应往往是即时的，是默认开启为自动的无意识的行为程序。我们都见过发脾气的人，这些人通常都是粗情感粒度的。他们会对情绪立即做出反应，并不假思索地挑衅别人。

在对家庭暴力犯罪者的一项研究中显示，男性很少会报告情绪。相反，他们会描述自己通过对女性进行侵犯或施加暴力行为来获得情绪的释放。一名二十一岁的男性描述了自己身上发生过的一次冲突，他曾用暴力来表达他的情绪反应。当时他和女朋友分手不久，后来他在一家俱乐部碰见了她，并和她一起回了家：

"她要求我告诉她我的感受，于是我告诉了她。但她说：'这样还不够。'所以我就接着和她讲。但其实你知道的，我只想一个人待着。她不停地追问，就像找到了一个可以一直按的开关一样。于是我把她从沙发上踹了下去，然后告诉她：'这就是我的感受！'然后我揍了她。就这样。"

他无法表达自己的感受，他的述情障碍是导致人际交往冲突的直接根源，所以他才会用身体攻击来表达他对愤怒沮丧的情感。这是一个典型的由粗情感粒度所引发的暴力事件。

这里有一个重点，我们需要将情绪进行归类，让它们变成一种分离式的体验。我们需要让大脑和身体中正在发生的事情从意识里迸发出来，并展现出它的意义。没有情绪分类，我们将无法理解我们所经历的事情，无法弄清楚到底是什么导致了这些体验，也无法将我们的感受传达给他人。情绪分类是至关重要的，因为在我们明白自己正在经历着些什么之前，大脑是根本无法思考的。

这也指出了情感标记的核心功能：当我们做情感标记时，我们能够给人们提供他们当时所不能自己完成的情绪分类和情感粒度。本质上，我们出借了自己的前额叶皮质来帮助他人。通过情感标记，我们能够帮助一个心烦意乱的人掌控并认知他的情感与躯体体验，并使其具象化到意识层面。一旦情绪在意识中被标记，他就能充分利用它。结果表明，他真的冷静下来了。这种体验是令人惊奇的。

三个关键步骤

当你刚开始练习情感标记的时候,你会想要慢慢来,循序渐进。你可以选择那些安全的、低风险的情境来进行练习。等获得了足够的信心,你就可以去挑战那些更需要技巧的情境。你需要先从下面的基础开始练习,然后再进行拓展。

下面是情感标记的三个基本步骤:

1. **忽略话语的字面意思。**
2. **猜测话语里隐藏的情绪。**
3. **用直接的、陈述性的描述来反映这种情绪。**(例如,你很生气、很沮丧、很悲伤。)

让我们分别来看每一个步骤。

第一步:忽略话语的字面意思

这似乎与我们所认知的事实相左。毕竟,词语是表达和传递意义的符号。我们为什么要忽略它们呢?

首先，如果你倾听话语的实际内容，那么你就无法听出背后隐藏的情绪。我们的大脑一次只能专注于一项任务。所以，当我们有意识地选择忽略话语的内容时，我们就释放出了大脑处理信息的能力，并能够把注意力集中在识别情绪上。

其次，愤怒的人说话比较冲，容易蹦出些令人讨厌的、鄙夷的话。如果你很认真地听这些辱骂，那么你可能很难控制住自己的情绪，从而卷入到冲突的漩涡中。忽视话语内容，专注于情感，你就能够把自己从烦恼中解脱出来。因为你没有花费时间去思考对方是否在侮辱你，所以这些话就失去了意义。

作为练习，先试试本章一开始的时候所做的那个倾听练习吧。你可以随便找一个广告，电视广告、网络广告、广播广告，哪个都可以。忽略台词的意思，只猜测其中包含的感情。一直练习，直到你能够自动地无视掉文字内容。只要开始做尝试，你很快就能掌握这项技能。

第二步：猜测话语里隐藏的情绪

你怎么样才能知道另一个人的情绪呢？首先，不要动脑去想。因为我们天生就是能够移情的，而我们需要去做的就只是集中注意力而已。如果我们能有意地关注他人的情绪，那么我们的大脑就会帮助我们自动地认知、定义、标记对方的情绪。这不需要我们做额外的努力，它自然而然地就会发生。

如果把情绪可能带来的情感体验限定在九个类型内，我们将百分之百地覆盖所有的情感体验。但因为我们主要的目的是使对方冷静，所以实际上我们只需要记住其中六种最基础的情绪就够

了。按照人们习惯的顺序来排列,这六种情绪分别是:

- 愤怒(Anger)。
- 恐惧(Fear)。
- 焦虑(Anxiety)。
- 厌恶(Disgust)。
- 痛苦(Grief)—羞愧(Shame)—耻辱(Humiliation)。
- 被抛弃感(Abandonment)/不被爱的感觉(Unloved)。

　　为了练习集中于情感体验,让我们再看一次广告。演员善于描绘情绪,毕竟他们是专业的。忽略那些台词的内容,参照上面的列表,记录那些广告中出现的情绪。你会发现情绪的变化非常快。然后把所有出现的情绪都标记出来,你会发现自己其实不需要过多地去思考这个问题。如果你撒手让大脑自己行动,情绪将会自动地出现在你面前。

　　因为我们是无法侵入他人的脑内去查看对方的想法的,所以我们其实真的是在猜测他们的情感体验。然而,人类的情感又是有限的。如果你利用这个基础的情感列表,你就总能正确地感受到他人的情绪。另一个让人欣慰的事实是,即使你猜错了,也不需要受到什么惩罚。通常来说,如果你标记出了错误的情绪,对方会纠正你,他们会说:"不,我不生气,我只是很沮丧!"在这种情况下,你只需要简单地重复这个情感标记:"哦,你很沮丧。"我从没听说也没经历过任何一个案例,说话人会因为你猜错他们的情绪而感到不开心。人们往往都非常感激,因为你是真心想要认真地倾听，所以他们不会去批评你所犯的错误。

第三步：用直接的、陈述性的描述来反映这种情绪

过程就和标题说的一样简单。最有效的陈述往往是最简短的、以"你"字开头的陈述。比如：

"你很生气。"
"你很沮丧。"
"你很焦虑。"

几十年前，人们被教导使用"我"开头的陈述句来做反馈。举例来说："我想你应该感觉到愤怒。"而这在情感标记的过程中并没有很好地起到作用。当你做情感标记的时候，你必须百分百地关注说话者。这里没有多余的空间让你自我发挥，你的"自我"必须始终停留在意识外，而达成这一目标最简单的方法，就是使用"你"字开头的陈述。

我的学生有时会抗议，他们觉得以"你"开头的说话方式显得傲慢而粗鲁。学生们之所以会提这些反对意见，是因为他们害怕自己被其他人批评愚蠢、错误、无能。要知道你的"自我"妨碍了"我"对他人的感受，而最好的学习方法就是自己去实践。

找一个有意愿配合你的朋友，告诉他你想尝试一个你正在学习的技巧。让你的朋友简短地讲一讲昨天一天发生的故事，然后你尝试使用"我"开头的陈述来做情感标记，之后切换并使用"你"开头的陈述，然后问问你的朋友有什么样的感受。大多数

时候，人们会告诉你说，当听到使用"你"开头的陈述时，他们会更认真地倾听。而当听到以"我"为开头的陈述时，他们根本就听不进去。自己去确认一下吧，试试在不同的朋友身上了解使用"你"所能带来的力量。

当你为一个感到生气或伤心的人做情感标记时，请注意以下三个方面：

第一，注意对方的口语，比如"嗯哼"或类似的话。有时你会听到对方用非常坚定的语气回答"就是这样"，这说明此刻你与说话人产生了联结。说话人在不知不觉中断定你一定是懂他的。

第二，注意对方肩膀的起伏。当人们生气时，他们会身体紧绷，耸起肩膀。当他们冷静下来，又会放松他们的肩膀，使肩膀下落到正常的位置。这是另一种可以表明对方已经在无意识中平静了下来的迹象。

第三，注意对方叹息、吐气或其他表现出放松的迹象。除了口语与肩膀放松之外，你经常会看到一些无意识的暗示，这表明这个人正在平静下来。

实际操作又是什么样子的

下面是一对朋友进行基础情感标记的例子。

说话者："我丈夫从来不听我说话。他进家门就只知道看电视。"

倾听者："你感到沮丧，觉得自己不被尊重。"

　　说话者："没错没错！而且每次我问他到底在想些什么，他都会立马闭嘴。"

　　倾听者："你觉得沮丧又伤心，因为你和他没有紧密地联系在一起。"

　　说话者："有时候我真的觉得特别孤独。就好像我们俩生活在两个世界一样。"

　　倾听者："你感觉孤独而伤心，并且觉得自己没有得到足够的爱。"

　　说话者："是的，你说的没错。谢谢你听我抱怨。"伴随着点头和肩膀下沉，她放松地叹了口气。

　　倾听者："不用谢，你随时都可以来和我聊天。"

就像看起来一样那么简单。

　　一开始，你可能会因为新的接话方式而感到不适。你可能会感觉自己在侵犯说话者的个人隐私，认为自己放肆又无礼。但这其实都是你自己的感受，与说话者无关。担忧自己表现的如何将会分散你的注意力，让你无法把自己的注意力集中在说话人身上，而这才应该是真正的焦点。但这种担忧最终会消失，当你不断地练习并见证这种方法的力量，你就不会再感到无所适从了。

本章小结

在本章中,我们学到了:

- 我们是感性的人类,通过提高情感智力,我们可以有效地使愤怒的人或剑拔弩张的情境冷却下来。
- 倾听的新方法:忽略话语的表面意思,专注倾听话语背后所隐藏的情感。
- 情感标记:一种能够反映说话者背后隐藏的情感的技巧。
- 情绪:一种复杂的物理与心理上的结构,包括情感和感觉。
- 情感:与基本情绪相关的脑系统所激活的心理结果。
- 感觉:与基本情绪相关的脑系统所激活的生理结果。
- 情绪分类:将感情和感受进行组织并分类为不同的精神结构的技能。
- 情感粒度:对情感认知的精确度。
- 述情障碍:无法描述自己的情感体验。

我们还学到了情感标记的三个基础步骤：

· 忽略对方说出的话语的具体内容。
· 猜测语言背后隐藏的情感体验。
· 用直接的、陈述性的"你"开头的句子来反映情绪。

第二章
做一个有同理心的倾听者

我曾在我十岁的儿子身上运用了这些技巧，当时我不仅仅是想使他愤怒的情绪慢慢平复，更是希望能避免与他发生冲突。而现在，那些曾经会带来争吵的对话已不复存在了。在过去，他会给我讲故事，故事中的他总是受害者（至少是在他的意识中，他是受害者），而我则会立即去关注他表现出的痛苦，并试着温柔地与他分享我的想法，希望他能够从中学到一些经验。但他的反应总是突然停止与我交谈并开始采取防御措施。现在，当他给我讲故事的时候，我用描述他的情感体验来代替之前的做法。他觉得自己被倾听、被理解，并且表现得更加开放了。这种做法为我们之间的交流带来了如此不可思议的影响，让我们之间的关系变得比以往任何时候都更好了。

——多蒂·西诺（Dottie Sinor）

如何通过对话了解对方的心理需求

情感标记是需要练习的。在一开始,我们需要去寻找一些比较安全的情境,在这种情境下,即使你犯了错,也不必太过困扰。如果你有孩子,并且需要负责照顾他们,那么他们将给你提供许多练习的机会。

如何使两岁到十一岁暴躁的孩子们变得平静?让我们通过学习来提高做情感标记的能力吧。随着青春期的到来,孩子们开始变得强词夺理、愤世嫉俗,你需要掌握更高水平的技巧来对付他们。现在,如果你能和孩子们一起成长,你将更好地掌握这种方法。如果你目前没有这样的机会,本章对你来说仍然是有价值的,它会向你展示情感标记的具体操作方法,并为你在其他领域的应用提供可参考的案例。你可以在脑内想象并模拟这些案例,把这作为提高你的情感标记技巧能力的途径。另外,你永远不知道自己会在什么时候意外地遇到一个烦躁的孩子。

在本章和之后的章节中,我构建了许多情境,这些情境捕捉了生活中那些令人恼怒的状况,还有那些使本就剑拔弩张的情况更加恶化的行为。这些案例提供了一些从不同的角度对待愤怒与冲突的想法,你将从中认识到情感标记的功能是如此多样且效果超群,尤其在面对儿童时就更是如此了。你会发现其实不需要做很多事情,就能让他们快速安静下来。那么就让我们开始吧。

手足之争

自古以来,兄弟姐妹之间都会发生争执。年长的孩子攻击年幼的孩子可以说是一种非常典型的情境,这会引发一连串可预见的事件。比如年幼的孩子大叫着"杀人啦",然后冲向你,夸大自己挨揍的程度。然后你可能会责怪年长的孩子:

你:"你为什么要打你的弟弟?"

凯瑟琳:"因为他打扰我。"

你:"你感觉困扰而沮丧。"

凯瑟琳:"他会不停打扰我的。"

你:"你感到生气又恼火。"

凯瑟琳:"是的,我希望他能让我一个人待着。"

你:"你觉得不被弟弟尊重,他没有听从你的要求。"

凯瑟琳:"是的。"

这里你需要进行一些观察。你需要从一个问题入手,来得到凯瑟琳的某种回应。凯特琳并没有直接否认她打了弟弟乔尼,而是找了个借口,解释自己的行为是为了向乔尼的挑衅施加报复。

这时你的回应不应该是归因或劝诫凯特琳。你需要做的只是将你猜测她现在可能感觉到的一切反馈出来。你的第一个情感标记引出了另一个理由和借口。而你的反馈仍旧需要维持关注凯特琳的情感体验。这个过程是可以重复的，重复不会产生问题。有时，在捕捉到情绪之前，你需要像这样重复三到四次。

在第三次回答中，凯特琳简单地谈了一下她的需要，以及她是如何感觉被冒犯的。你的回答承认了凯特琳可能产生的感觉：她的弟弟不尊重她，不听她的话。而这时凯特琳用"是""点头"和"肉眼可见的放松"来回应了你，这是非常关键的。此刻，你已经完成了对她的情绪的疏解。接下来你可以着手去提供一些解决问题的方案，或去纠正她的行为（我将在第三章中分享更多关于问题解决方面的知识）。

这段对话甚至可能只花费了不到十五秒，这远比与凯特琳争论，让她变得越来越愤怒省时得多。凯特琳可能完全做错了，她甚至可能对实际发生的事撒谎。然而，除非让她平静下来，否则你就不可能去解决这个问题。

孩子不会无缘无故地殴打自己的兄弟姐妹。我们可以推测凯特琳的内心产生了一种情绪。她无法以一种能够让乔尼理解的方式来表达自己的感受。对于凯特琳未经训练大脑来说，殴打她的弟弟是她唯一能做的可以消除沮丧的事情。

通过为凯瑟琳贴上情感的标签，你为她提供了宝贵的体验。你帮助她了解了自己所体验到的感受，并将这种感受归类为某种情绪，且细化为准确的语言。这是一份多么宝贵的礼物啊。在她的童年生活中，她将一次又一次地体会到这份礼物不断带给她的巨大回报。

你很快地安抚了凯瑟琳，那么乔尼怎么办？下面让我们看看事情接下来可能发生的后续：

你："你姐姐为什么打你呢？"

乔尼："我不知道，她不喜欢我。"

你："你觉得你姐姐无视你。"

乔尼："她从来都不关心我。"

你："你觉得你姐姐不爱你。"

乔尼："她老把我当作小孩子。"

你："你觉得不被尊重，你姐姐把你当作小孩子，这让你感到非常伤心。"

乔尼："是的。"

你再次以一个开放式的提问展开了对话，然后乔尼回应了你。最开始，他说他不知道为什么姐姐会打他，紧接着他加上了可能的原因。乔尼在试着解释那些他无法很好理解的事情。你如实反映了他可能体会到的感受——"被忽略"。乔尼认同了你的总结，并提供了另一种解释，他这是在告诉你以及他自己，为什么他会有这种感受。这是一个很大的进步。你不需要评论他的推理，相反，你只需要持续地跟着他的情感体验做标记。于是乔尼找到了另一个解释，而你描述了他的感受，并得到了肯定的答复。

乔尼可能打扰了凯瑟琳，也可能没有。情感标记所提供的是一些更深层次的信息，它反映了乔尼的感受。你和乔尼一起了解到了他的沮丧来源于被姐姐当作小孩子。就像凯瑟琳一样，乔尼也不具备将情感与情绪联结的能力,而他却可能将他的沮丧转化为了对凯瑟琳的挑衅。这是一种很经典的冲突情境。然而令人惊讶的是,我们竟然会将这种冲突模式带入成年期。作为复杂商业冲突的调解人,我一次次地见证着与此相同的模式发生在成人世界。如果你善于观察,你就会发现在我们两极分化的社会中,存在着大量这样的模式。

情感阻断

另一种常见的情境就是情感阻断了。想象你在接孩子回家的路上,孩子正坐在你旁边的座位上,你很高兴见到她,并希望能和她交流。你用一些日常的提问来展开这段谈话:"伊芙琳,今天上课开心吗?"

伊芙琳扭头看向窗外,完全不理你。你与孩子交流的愿望又一次破灭了。这里让我为你提供一种接近伊芙琳的方式:

你:"今天上课开心吗?"

伊芙琳:"我不知道,还行,我觉得。"

你:"你觉得很沮丧,因为上课很无聊。"

伊芙琳:"上课不无聊,我只是不喜欢琼斯夫人。"

你:"你和琼斯夫人之间产生了一些不愉快。"

伊芙琳:"嗯,她点了我的名,并且取笑我的回答。"

你:"你觉得琼斯夫人不尊重你,你很尴尬。"

伊芙琳:"是的,有几个孩子在课间嘲笑我。"

你:"你感觉难过又有些寂寞。"

伊芙琳："嗯。"

你抛出了问题，伊芙琳用一种模糊的、消极的方式做出了回应。你必须去猜测她当时的感受，所以你用上课无聊来作为猜测的结果。而你错了，伊芙琳纠正了你。这里让我们注意一个重点：她并不会因为你猜错了而批评你，也不会因为你的错误而责备你，她只是纠正了你。而这种情况在95%的场合下都会发生。紧接着你描述了伊芙琳的不愉快，她认同了你的总结并给了你更多信息。现在你知道了，伊芙琳在课堂上感到了屈辱和尴尬。伊芙琳展开讲述了一些关于课间休息时发生的事情。你描述了她悲伤而孤独的感受，而她则放松了下来。

你必须要有耐心，去关心她，但不对她做出评判，这样才能有效果。如果你只是匆忙地想要解决问题，而没有等待你的孩子自己给出答案，那她只会感到被忽视。甚至更糟的是，她会觉得你不爱她。情感标记的力量是强大的，只要你认真地关注你的孩子，并给她真诚的反馈，你就会收获这份强大的力量所带来的影响。但如果你没能做到最基本的关注，你就会失败。

好消息是，你的注意力只需要持续三十秒左右。只要你能搞清楚流程，你就会发现这是一个非常快速的过程。

说谎、否认与违抗

明目张胆地撒谎或否认做过的错事，是另一种常见的不礼貌行为。威廉在你面前打了他妹妹。以下是关于应对否认做错事的行为的一点策略：

你:"你为什么要打你的妹妹?"

威廉:"我没有打她!"

你:"你害怕受到惩罚。"

威廉:"我不是,我没有。"

你:"你觉得没人听你说话。"

威廉:"是的,没人在乎我的感受。"

你:"你觉得孤独,觉得没人爱你。"

威廉:"嗯。"

一般来说,父母的典型反应会是直接质疑威廉的回应。而威廉则会躲起来,激烈地否认自己做了错事。但实际上你们俩都知道真相是什么,现在的争论只是为了保全面子。你的胜利将会导致威廉受惩罚,这对他来说没什么好处。去理解威廉的真实情绪需要利用一些想象力,但需要的并不多。如果你敞开心扉去感受他内心的体验,你就会得到正确答案。

以下为另一种常见的情况:违抗。

你:"把豆子吃了。"

梅甘:"不要!我不喜欢豆子。"

你:"你感到恼怒而沮丧。"

梅甘:"我不喜欢豆子!我不会吃的。"

你:"你不喜欢被别人安排,做别人让你做的事情。你感到难过,觉得没有人爱着你。"

梅甘："没错，没有人关心我。"

你："你感到孤独，感到自己缺少爱。"

梅甘："是的。"

这三个例子反映了孩子的孤独感与缺爱感，而这也是他们搞破坏的原因。大多数孩子都会时不时地感到孤独和缺爱，为了应对这种疼痛，他们的反应是去做些什么，而这就是引起冲突的原因。作为父母，你需要做的是去找到他们搞破坏的根本原因并接纳它，不论你是否相信这种孤独或不被爱的感觉的真实性，你都应该这样做。因为重点是去帮助孩子们标记和确认那一刻所体验的情绪，这是能够跨越冲突并带来平静的捷径（我将在之后详细讲述更多关于情感否定的问题）。

做一个有同理心的倾听者

情感标记是同理心倾听中一个强有力的构成。移情则是体验另一个人情感状态的能力，因此，成为一个会移情的倾听者，就是学习如何读懂并理解另一个人的"情绪数据域"的过程。

许多年前，我曾致力于研究一群高级顾问的领导力问题。他们中的许多人都是工程师，这些人往往都是喜欢硬数据的批判性思考者。我很快意识到，我必须想出一个能够令他们感兴趣的有关情绪的概念。这时我突然意识到，其实情绪也是一种数据形式。这种数据稍纵即逝，有时甚至是模糊不清的，但它仍然是数据。在一次研讨会中，我创造了"情绪数据域"这个术语，顾问们立刻就懂了。他们接受了理解他人情绪的挑战，把这当作是一种可以收集、解释和运用的数据形式,并因此成为优秀的移情倾听者。

人类的情绪体验并不是孤立的。我的经验告诉我,情绪会出现在各个层面,而每一个层面都有它的深度和质量。导致人们的情绪体验产生问题的一大原因是,表面的情绪层次会掩盖那些更深刻、更有意义的情绪层次。人们可以愤怒地尖叫,但这不会让情绪有所缓解,因为隐藏着的深层次原因仍然存在并活跃着的。对于那些尚未能掌握成年后才会运用于管理强烈情绪的方法的儿童来说,尤其如此。

作为一个有移情能力的倾听者,你可能会希望按层次来做情感标记,直到你的孩子认识到他们正在体验到的感情。从之前的场景中,我总结出了以下几种情绪层次:

第1层:生气、愤怒、沮丧。
第2层:不被尊重、被背叛、不公平(这不是真正的情感,但会对情感产生影响)。
第3层:焦虑、恐惧、害怕、惊恐。
第4层:难过,悲伤。
第5层:被抛弃,不被爱,无价值。

让我们从最开始可能出现的层次开始解释。通常在冲动情况下出现的会是愤怒与挫折。你可以确认你的猜想,当你的猜想得到证实后,你就可以去尝试猜测不同层次的情感体验了。一开始你必须相信你的直觉,让直觉去感受当下对话中可能存在哪种情绪。使用之前讲过的方法，倾听并猜测文字表面下可能隐藏着的情感是什么。记住，情绪是一种数据形式。你需要去感受你的孩子正在经历的是什么，然后让自己抵达那个层面。有时，为了抵达更深的层次，你必须再回到之前的情感层面。开始时要小心别一下子挖掘的太深，先在孩子的情绪数据域里试探，而不是不顾一切地冲进去。当你开始练习后，你将会知道这些层次是如何工作的。

科技带来的冲突

当今父母所面临的一大挑战，便是孩子们对科技产品的痴迷。比如电视、手机、社交媒体、电脑游戏。下面是你面对这些情况可以采用的回应，注意观察情绪层次是如何被突破的：

你："请在吃饭的时候放下手机。"

米兰达没有回应你，她编辑着短信，注意力完全集中在手机上。

你："你害怕错过你朋友的最新动态。"

米兰达："是的。"

简短地回答了你后，米兰达仍继续噼里啪啦地发着短信。

你："因为我叫你别用手机，你感到很恼火。"

米兰达："没错，我希望你能让我一个人待着。你总是命令我，安排我该去做什么。"

你："你感觉自己不被尊重。你感觉我没有听你说的话。你觉得朋友和你更亲近。"

米兰达:"是的。"

你:"你觉得自己不被爱。"

米兰达:"没错。"

在这个情境中,第一层情绪并不是愤怒或挫折,而是恐惧。于是下一层你讨论到了恼火与沮丧。之后你转向了尊重与倾听的问题。最后,你来到了最深层,米兰达感觉自己不被爱。而所有这些过程只花了不到三十秒就完成了。

冷漠和愠怒是很常见的表现。我非常怀疑当孩子们感到不安全时,他们就会变得麻木不仁,闷闷不乐。你越是努力推动问题,想要和冷漠的孩子产生联系,你们之间的心墙就越厚。但你可以尝试下面这种方法,作为一种打开局面的选择:

你:"发生什么事了?"

克里斯:"没什么。一切都很好。"

你:"你生气了。"

克里斯沉默着。

你:"你对学校感到愤怒,你很沮丧。"

克里斯仍然保持着沉默。

你:"没有人喜欢你,尤其是你的老师。"

克里斯:"是的。"
你:"你感到被抛弃,因为没有人关心你。"
克里斯:"是的。"

你可能无法从一个阴郁、愤怒、疏远的孩子那里得到回应。但你需要知道你能做些什么:孩子是不会离开你的。只要孩子靠近你,而不是试图"逃跑",你就能够吸引他的注意力。你需要耐心,每次情感标记的时间应该不超过三十秒,如果失败了就放弃这次标记。放心,你已经做得很好了,孩子是能够直观地感受到你在听他讲话的。他内心渴望这种联系,但他害怕遭到拒绝,害怕被批评或被遗弃。你对他坚定不移的关心将满足他内心的需要。

下面让我们进入生活中那些会使状况更加恶化的情境。比如当一个孩子防御性地说出"我恨你"之类的话时,通常你会紧跟着对孩子说"不,你不能这样",但这并不会产生什么效果。下面让我们来讲讲面对这种情况应该如何做情感标记:

托马斯哀号着:"我想用平板电脑和朋友聊天!"
你:"不,你不能这么做。"
托马斯:"我恨你!"
你:"你很生气,很沮丧,很伤心。"
托马斯:"我从来没有感觉到任何快乐。"
你:"你感到孤独,感觉自己被忽略。"
托马斯:"求求你了让我聊天吧。"
你:"你觉得没人听你说话。"

托马斯:"是的。你从来不听我讲话。"
你:"你从来不觉得我在听你说话。"
托马斯猛地点头:"是啊!"

你可能会有一种想要解决问题的冲动。这种冲动来自于你自己的焦虑,你觉得孩子不爱你,感觉自己没有价值,觉得自己被批判、被拒绝。如果你没有意识到你自己的焦虑,你就会不自觉地尝试"解决"对方的问题,因为这会让你感觉更好。当屈服于这种冲动时,你将否定孩子的情感。在这一章中,我将会更多地讨论有关情感否定的问题。现在,回绝你想要解决问题的冲动,专注于倾听和回应孩子的情感体验。

情绪抵抗

另一种常见的情境是孩子对检查的抵抗。你肯定曾像这样问过你的孩子:"刷牙了吗?房间打扫了吗?家庭作业做了吗?"他嘟嘟囔囔地回复,使你感到非常沮丧。这里让我们学习另一种使用情感标记的方法:

你:"你刷牙了吗?"
玛丽安:"呃。"
你:"你感到沮丧,感到不受尊重。"
玛丽安:"呃。"
你:"你感觉没有任何自由,感觉自己被控制。"
玛丽安:"是的。"

你:"你觉得没人在听你说话,没有人在乎你的感受。"

玛丽安:"是的。"

在某些时候,孩子会反抗你的情感标记,这是正常的。你的表现和平常不一样,这让人感觉很可怕。你的孩子会产生怀疑,他害怕被人操纵。更深层次地说,你的孩子会感到不安全,因为你在一层层剖析他的情感体验。你可以这样处理这种情况:

你:"你很沮丧。"

瑞克:"别再对我做这些事了。你又在这样做了!"

你:"你感觉没人听你说话。"

瑞克:"我告诉过你别这样!我讨厌这样!"

你:"你生气了,你很恼火。"

瑞克:"是的。我希望你别管我。"

你:"你感到不受尊重,你想一个人待着。"

瑞克:"是的。"

你不需要在情感标记上花费太长的时间。如果你一直被拒绝,那可能是你做得太强硬了。休息一天左右,下一次做情感标记时,只说简短的句子,并以一种随意的方式进行交谈。如果你能做得足够巧妙,你的孩子将不会意识到标记的存在。

你可能也想教你的孩子,告诉他们你在做什么以及为什么。当孩子学会为他人做情感标记时,他们将发展出自己的情绪智力与同理心倾听能力,这将给他们带来更精细的情感粒度。你可以和孩子练习角色扮演，这会让你们在感觉上更安全，联系更为紧密。

为了培养你的自信，让我们像上面讲过的例子那样，写下一段你和你的孩子之间发生过的具有挑战性的对话。在"你"字开头的描述后，写下他或她所体验到的情绪，就像你在给他们做情感标记一样。去想象他们可能给出的回答，直到你弄清楚了他们的情绪体验。这次心理预演会让你的第一次实战更容易成功。

有特殊需要的孩子

情感标记对那些有特殊需要的孩子来说，往往能发挥更大的作用。我的同事拉里·布里奇史密斯（Larry Bridgesmith）在加入我的研讨会后，曾为我讲述过他患有亚斯伯格症（Asperger's，孤独症的一种）的孙子的故事：

他上周突然大发雷霆，因为在两个人同时做出评论的时候，他的妹妹似乎得到了"表扬"。我的妻子琳达很认真地听过你的教学，她对我们的孙子说："你觉得自己没有被倾听。"孙子立刻肯定了她的话。然后她说："这让你感觉很糟。"十秒钟内，你教给我们的微观干预让一切恢复了平静，更避免了事态的恶化。而这在通常情况下可能需要数小时才能实现。

每个孩子都是独特的，他们所面对的挑战也是独特的。不要犹豫，试试情感标记，更敏感地去体会孩子们的情感，你将会得到很大的收获。

如何避免沟通失效

情感否定是情感标记的对立面。很多成年人不仅不能抛弃审视与评价，无条件地去认识孩子们的情绪；相反，他们还会试图去证明孩子的情绪是错误的，并嘲笑他们。可悲的是，在我们的社会和文化中，情绪否定无处不在。它所造成的伤害是潜在而致命的，在极端情况下，甚至会产生暴力。

情感否定是儿童情感虐待中最致命的形式之一。它破坏了孩子们的自信心、创造力和个性。它会切断孩子们大脑中的思维，抑制推理、解题、理性和非冲动性决策的过程。下面是一个典型的例子：

父亲："今天在学校过得怎么样？"
埃里克："糟透了，比利揍了我一顿。"
父亲："这不可能那么糟糕的。"
埃里克："所有的孩子都在取笑我。"
父亲："我想你只需要去面对它。"

埃里克开始啜泣。

父亲:"别像个女孩一样。不要哭,振作起来。生活是艰难的,你必须更加坚强。"

这种看似无害的对话实际上严重伤害了埃里克的心。让我们来分析一下这个孩子刚刚学到的东西:

- 我不能对爸爸诚实,因为他令我失望。
- 爸爸不爱我。
- 我的感受无关紧要。
- 我很难过,但身边没有人能安慰我。
- 我是一个坏人。
- 我只能依靠自己,做一块坚硬的石头。
- 即便生活艰难,我也必须假装坚强。
- 世界是不好的,没有温柔与爱的空间。

这个男孩在十年后第一次尝试展开恋爱关系时会怎样?如果他已经被灌输了大量的情感否定模式,我敢保证未来他会是情感无能的。如果他有幸能开始一段爱情,那么这可能会帮助他恢复感性。情感灾难的种子在人们很小的时候就被埋下了,非常不幸,男性尤其容易被这种情况困扰。

我们经常无视孩子们的情绪,因为我们自己就是被这样对待的，而且我们也经常这样对待自己。这对于我们来说已经是习以为常的了。有些人把情感否定说成是一种对生活能力的早期训练，是为了让孩子坚强起来面对现实。别傻了，这些都是曾被情感否定本身深深伤害过的人们的说辞与借口。事实上，有很多积极的、有效的方式可以用来培养孩子变得坚强、有自我恢复能力，而从情感上否定他们并不在这些方法里。

情感否定可能发生在任何时候：

- **比如我们被告知自己不应该按照自己的方式去感受。**
- **比如我们被命令不可以去感受我们真实的感受。**
- **比如我们被批评太敏感、太戏剧性、太过自我保护。**
- **比如我们被忽视。**
- **比如我们被评判。**
- **比如我们被引导着去相信我们的真实感受是有问题的。**

下面是一些情感否定的例子。它们听起来是不是很熟悉？你曾有多少次被迫否定自己的情感？而你又曾有多少次否定你的伴侣、孩子或你自己的情感？

- **克服它。**
- **你要成长。**
- **不要哭。**
- **不要难过。**
- **别抱怨了。**

·想办法处理它。
·别那么夸张。
·别那么情绪化,不要为自己难过。
·你太笨了。

每个人的感受都是真实的。轻视一个人就是拒绝理解那个人的真实感受。然而更糟糕的是,有证据表明童年时期遭受的冷暴力,即使是"温和"的冷暴力,比如情感否定,也会和遭受身体虐待或性虐待一样具有破坏性。情感否定是一种跨越时代的社会流行病,而这种流行病的代价最近才开始被认识。

ACE 研究(ACE Study),全称儿童期不良经历研究(Adverse Childhood Experiences Study),是第一个将视角放在童年期虐待对成年人疾病与死亡率的影响的大规模研究。ACE 研究落地于凯萨医疗机构(Kaiser Permanente)的圣地亚哥健康评估中心,每年有超过四万五千名成年人在这里接受医学检查。

ACE 的研究者通过邮寄问卷给那些已经完成检查的人们,来获取大量的数据。该问卷包含了儿童期虐待与家庭功能失调的相关问题。儿童期不良经历可以是任何一种虐待,除了情感否定和情绪忽视以外,暴力、性虐待,或是父母有酗酒、成瘾和监禁子女的行为,都可以被列入调查范围。研究者比较了每个被调查者的医疗健康信息,并将这些信息与有关儿童虐待和家庭功能失调的案例进行比对。结果是发人深思的。

第一个发现是,在被调查者的童年期,有 11% 的被调查者报告说曾受到过心理虐待,11% 受到过身体上的虐待,而有 22% 曾经历过性虐待。超过50%的被调查者报告了至少有一种儿童期不良经历。超过25%的被调查者报告了有2~4种儿童期不良经历。

儿童期不良经历可以很有力地预测成年后的健康风险和疾病情况。在美国，儿童期不良经历与十种主要的死亡原因密切相关。研究人员发现儿童期不良经历与心脏病、癌症、慢性支气管炎、肺气肿、肝炎、黄疸、骨折以及低自我评价有着密切的关系。

儿童期不良经历与身体疾病的主要关联集中在行为表现上，比如有儿童期不良经历的人更容易吸烟、酗酒、滥用毒品、暴饮暴食、发生性行为，他们以此来应对情感虐待、家庭暴力或其他形式的因家庭功能失调所导致的压力。如果一个人曾体验过四种甚至四种以上的儿童期不良经历，那么他有吸烟、成瘾、抑郁以及其他心理疾病问题的可能性就更大。他们会在找工作方面出现问题，甚至变得无家可归。

关键的结论是：大多数儿童期虐待本质上是情绪化的。我们认为性虐待或暴力是可怕的，但却并不总是认为微妙的情感虐待也会造成创伤。其实仅仅是和酗酒者生活在一起，就足以产生儿童期不良经历；情感无能或情绪前后不一致的教育也会造成儿童期不良经历；情感否定同样会导致儿童期不良经历。儿童期不良经历致使孩子们焦虑、愤怒和抑郁。令人吃惊的是，儿童期不良经历经常性地出现在非常体面的家里，它很可能出现在上层社会的家庭中，就和出现在贫困家庭中的概率一样。

在接下来的四十八小时内，让我们开始关注情感否定。它会在什么情况下发生？谁在否定谁的情感？你是否发现自己在否定他人的情感？又或者有人在否定你的情感？当你开始注意这件事时，你会发现情感否定是多么普遍。因为它看起来很"正常"，没有人试图去质疑它。情感否定并不是什么轰动一时的大事件，但是时候停止它了。

你将学到一种有效的方法，来阻止这种每天都会发生的残忍的虐待。情感标记是对抗它的有效方法。就像任何方法一样，如何使用它决定了它如何起作用。我希望你和数百万像你一样的人都能做到这一点。这样我们的孩子与家庭终将变得幸福与快乐。

本章小结

在本章中,我们将基本的情感标记应用于一些常见的恼人的儿童行为中。以下是重点总结:

- 对孩子做情感标记的过程往往很迅速。
- 情感标记和直接回应的区别在于,在做情感标记时,你会关注孩子的情感体验,直到他或她冷静下来。
- 你必须有耐心,而且不能有偏见。
- 情感是有层次的,你需要一层层挖掘,直到孩子们开始展露自我。
- 同理心倾听是解读他人情感领域的一种能力,你需要解读他人的情绪,并用合适的情感标记作为回应。
- 感到不被爱,是许多冲动行为最深层的原因。
- 情感否定是一种常态,它对每个人来说都是虐待,是有害的。尤其对儿童来说。
- 儿童期不良经历研究展示了情感虐待的长远破坏性,即使是最善意的恶言也是危险的,应对的方式是主动去认识对方的情绪,并做情感标记。

第三章
快速促进问题解决

我十岁的孙女之前总是乱发脾气，这让我和她的母亲都感到疯狂。不管我们说什么或叫她做什么，她都会生气，然后停下来什么都不做，即使这件事只是叫她去刷牙。一年多的时间里，无数的眼泪和大呼小叫的争执都没有能解决任何问题，这对我们所有人来说都是非常沮丧的。仅仅是试图给孩子换衣服这件小事，就能变成可怕的能持续三小时的"尖叫比赛"。

在别人介绍给我道格的作品后，我们想：管他呢，死马当活马医，反正不管发生什么都比现在生活在战争中强。尽管用一种全新的方式和孩子沟通让我们感到非常担心，但我和我的女儿反复钻研了这种新的说话方式，然后开始了尝试。不得不说，从那晚我们第一次和孙女开口，一切都改变了。当时她正因为要去睡觉而感到恼火，我们回应道："你看起来很生气，能不能告诉我们你为什么生气？"然后，她发出吹蜡烛的声音，这曾经是她要尖叫的前兆。然而，"让我一个人待着"的叫喊变成了她为何讨厌床单的触感，以及无法入睡的故事。这其实是一件非常容易去解决的事情，并且那天晚上我们做到了。谁能想到一个十岁的小女孩竟然能这么敏感？

我们想试着给她换衣服，让她收拾好去上学，她却关上门然后哭了起来。她妈妈说："你看起来很难过，你为什么哭呀？"于是困扰我们多年的难题的答案终于出现了：她的衣服让她的皮肤感到疼痛。当她穿袜子和鞋子时，她感到非常疼。我们通过简单地去倾听她的情感,了解到这些年来,她一直都在因一种叫做超敏反应的病症而感到痛苦。我们根本不能想象像穿紧身袜这样的事情对她而言是种什么样的感受。作为家长,我们猜想这就是她不愿意去学校的原因,这甚至导致了她无法在学校与其他孩子好好相处。

最让我们感到醍醐灌顶的是,这些平息愤怒的操作使我们意识到,其实每次我们与孩子发生争执,都是因为我们自身的原因。每次我们强调的都是"我"感觉,"我"需要,而不是她真正的感受。现在在我们家里,每当有人生气,我们感知到这里有某种情绪产生了,就会让他说出来,然后结束争论。我们自由地交流,并且把同样的技巧教给孙女。这方法真的非常奏效,并且我知道,这方法正在影响孩子未来的交流方式,不论她将来会遇到何种情境。

——德维拉·雅各布斯(Devra Jacobs)

如何通过沟通快速解决问题

很显然，使某人平静下来并不意味着问题已经解决了。但你不可能和一个正在生气着的、情绪激动的人去讨论解决问题的方法。情绪的产生使我们更关注周围的环境。情绪越激动，人就越难以清晰地思考。我们很难去抵抗愤怒带来的冲动，并反过来投入到建设性的问题解决之中。只有平静下来，我们才能开始用理智的大脑来解决问题。

从不强迫到强迫，解决问题的方法多种多样。许多人会下意识地采用强迫的方法来解决问题。通常来说，强迫是孩子们所学到的第一个解决冲突的方法。孩子们很快地意识到那些拥有最强力量的人才是胜者。虽然在短时间内，威压可能会有强大的效果，但它的背后总是藏着许多隐患。

如果你能在没有胁迫的情况下解决问题，那么你将会看到立竿见影的效果。习得如何快速而有效地解决问题，而不是通过强迫他人来达成目的，这是需要一定技巧的。在这一节中，我们将看到三种解决问题的技巧，这些技巧通常比强迫更加有效：

1. 反应性聆听。
2. 基于结果的指导。
3. 达成需要负责任的协定。

其中反应性聆听有个四个水平：

1. **简单如实地反映。**
2. **释义。**
3. **反映核心信息。**
4. **情感标记。**

不论哪个水平的倾听，只要使用得当，都会产生非常强大的效果。但问题是，许多人倾向于在降低他人愤怒水平的时候使用如实反映和释义，可这毫无作用。然而，如果沟通双方都需要清楚地明白究竟是什么信息与请求正在被交换，那么反映和释义则变得至关重要，它们能帮助沟通双方理解和确认彼此的想法。

简单如实地反映

这是对一个人所说的内容最基本的确认。你只需要重复说话者所说的话，而不需要增加任何额外的内容。在这一水平的倾听中，我们关注的是语言，而不是情绪。有时，通过细微的词汇变化和简单的反映就可以实现重点的转移。

说话者:"她让我发疯,她试图让我退出。"
你:"她让你感到发疯,并且试图让你退出。"
说话者:"我没有什么可说的了。"
你:"你没什么可说的了。"

有时候,如实反映是至关重要的。例如,我是一个飞行员。如果我提交了一个从洛杉矶飞往旧金山的飞行计划,那么在我滑行到跑道上前,我必须从空中交通管制员那里得到口述的通行许可。空中交通管制员会把我的通行许可念完,而我必须记下来,然后逐字逐句地重复给控制器。如果我弄错了,控制器会纠正我,直到我按正确的内容进行了回复。如果我第一次就做对了,控制器会说:"读回正确。"这样我们就都知道了我在空降时需要做什么。显然,这种清晰的陈述可以防止飞机这个庞然大物在天空中以超过每小时二百英里的速度相互碰撞。

你会发现如实反映在日常生活中是非常有效的,尤其是在达成协议和设定期望的时候。当你"阅读"已经同意的东西时,可能会感觉有点奇怪。然而,你会惊奇地发现,在一开始花上几秒钟的时间竟然能避免那么多冲突。不过,不要指望用如实反映来消除强烈的情绪。大多数人在不知不觉中学会了某种倾听反映,因此喜欢用语言来使他人平静。然而,我们从大量的经验中得知,当我们用如实反映应对那些心烦意乱的人时,他们往往会变得更愤怒。

释义

这种类型的反馈,需要你把说话者的话转述一遍。

说话者:"她让我发疯,她试图让我退出。"
你:"她的方法让你感到非常困扰。"
说话者:"我没有什么可说的了。"
你:"你今天感觉不太想说话。"

释义很好地表明你理解了对方传达的意思,而你不必重复对方所说过的话。与简单反映一样,释义也不是缓解强烈情绪的有效工具。然而在交流中,如果你需要理解对方的意思,那么释义会是非常有用的方法。

反映核心信息

在这种类型的反馈中,你需要透过说话者的言语,找到他试图传达的深层信息。通常,人们总会绕圈子,不确定自己该说些什么。他们只是大声地说话,脑海中的点子不断地跳跃,想到什么说什么。如果你试图用如实反映和释义来应对这种对话,你必须要有非常好的记忆力才能应对如此大量的无意义的信息。因此,你可以利用核心信息的技巧来直奔主题,即使说话的人已经絮絮叨叨讲了半个小时。

反映核心信息,会帮助说话者理清思路,并给予对方被倾听的强烈满足感。关于反映核心信息的技巧,我们会在第五章中详细讲解。

说话者:"失去我的房子真的糟透了,但我不可能花钱让她和她男朋友一起住在房子里。"

你:"你所经历的不公平是令人痛苦的。"

说话者:"我所有的债务都悬在自己身上,这很难解决。"

你:"你想知道自己将如何度过这难熬的一切。"

情感标记

这是反馈的最深层次,在第一、二章中,我们已经有所介绍。

说话者:"失去我的房子感觉真的糟透了,但我不可能花钱让她和她男朋友一起住在房子里。"

你:"你很愤怒、很沮丧、很悲伤。你觉得自己被背叛,不被尊重。并且你感到痛苦,觉得自己被抛弃了。"

说话者:"我所有的债务都悬在自己身上,这很难解决。"

你:"你很焦虑,很害怕。你感到迷惑,对未来的一切都没有把握。你感到孤独,没有人能支撑你。你感到自己被抛弃了。"

当你需要使一个愤怒的家伙冷静下来的时候,情感标记一定是最合适的反馈方法,没有任何其他倾听的方式可以达到情感标记这样有效的作用。

如何引导对方找到内心的答案

基于结果的指导是一种帮助他人解决问题的技能。在这种情况下，你自身的需要被忽视，而他人的需要被放大。你的工作是帮助别人解决问题，但不提任何建议。这个技巧有三个步骤：

1. **明确问题并理解目标。**
2. **探索可能性。**
3. **同意行动计划。**

第一步，你需要倾听你的朋友或孩子所说的话。如果说话者感到沮丧或愤怒，你需要对他做情感标记，直到他冷静下来。之后你需要解释你所理解的问题和目标。标准的话术是："所以，你的问题是 ＿＿＿，你的目标是 ＿＿＿。"

秘诀是让你的释义尽量简洁明了。这是一种提炼核心信息的方式，它允许说话者对所说的内容进行思考。有时说话者会同意你的释义，有时则不同意。然而无论他同意与否，这里的目的都

是为了让说话者的问题和目标变得清晰。第一步可能看起来像是这样,让我们用你和你朋友来举个例子:

朋友:"我碰到了一个棘手的问题。你能花几分钟时间来帮助我吗?"

你:"当然。"

朋友:"我在圣路易斯有一所房子。我把它租出去来赚取一些收入。当我儿子来找我,问他是否能帮我管理房子的时候,我想既然我住得那么远,这可能会是个好主意,我可以付他一点钱,让他来帮助我管理每一件事情。然而我答应他之后,他就开始从房客那里拿走所有的租金,而不给我一分钱。他说他需要钱来维持生活,而我不需要钱。我对此感到非常沮丧,因为我认为他不尊重我,虐待我,我无法决定接下来该做什么。"

你:"你感到你儿子不尊重你,背叛你,你错误地相信他会帮助你照顾在圣路易斯的房子。你的问题是你的儿子不给你房租,而你的目标是想出一个办法来解决这个问题,这样它就不会再让你心烦意乱了。"

朋友:"是的。"

在第一步中,你需要倾听,并对说话者做情感标记,直到你清楚地明白了对方的问题和目标。当你觉得自己知道了问题和目标是什么后,你需要反馈你的想法给说话者。你不需要提供任何建议,也不需要提供任何解决方案,更不需要试图去修正什么。有些时候,当朋友们告诉我们他们的烦恼,我们也同样会感受到他们的焦虑。而为了安抚我们自己，我们会立马跳跃到提供建议与修正问题的步骤，而不是充分地去倾听。通常而言，这样结果会不那么好——不是你的建议被拒绝，就是在建议不奏效时，你会被朋友怪罪。

第二步需要你问对方两个简单的问题：

· 到目前为止你都尝试做了些什么？
· 你还可以尝试做些什么，而你没有做？

就像在第一步中一样，你不需要提供任何建议，也不需要修正任何事情。你要做的就是反映那些你听到的话。下面是一个例子：

你："到目前为止，你尝试做了什么？"

朋友："我让他把房租给我，而他只是嘲笑我。其他什么都没做。"

你："你向他索要房租，而他不客气地拒绝了你。"

朋友："是的。他把我惹火了。我自己的儿子！"

你："你的儿子背叛了你，你很生气，很伤心。"

朋友："是的。"

你："你还可以尝试做些什么？"

朋友："我可以试着去让我住在圣路易斯的兄弟和他谈谈。"

你："好的。你还可以尝试做些什么可以做但没做的事情？"

朋友："我可以跟房客谈谈，告诉他们我儿子已经不再为我工作了。"

你:"好的。你还可以尝试什么?"

朋友:"我可以卖掉房子。"

你:"所以,你可以让你的一个兄弟跟你儿子讲讲道理。你可以告诉房客直接和你交易。你也可以卖掉房子。你还能想到什么?"

朋友:"没了,就这些。"

这看起来很简单,你只需要问问题,然后如实反映那些答案和情绪。事实上,只要你能够不把自己放在谈话中,那事情就很简单了。而问题最困难的部分是让你自己保持游离在话题之外。我们习惯于主动提出建议,在背后指手画脚,指引朋友们去解决那些看起来很荒谬却简单的问题。然而,你要知道这个问题不是你的,它不需要你去解决或修复。当你只是做向导,而不是一个"无所不知"而又专横的答疑解惑专栏作家时候,你给你的朋友提供的帮助,将是最为有效的。

第三步你要让对方同意行动计划。再一次记住,你唯一的工作是问问题:你想出了什么主意,哪一个是最好的?

你的朋友会自己去考虑与权衡。通常,会有一个想法在你们间产生共鸣。假设你的朋友认为她最好卖掉房子,那么现在你的工作是帮助她确定一个具体的时间和行动计划。同样,你的做法应该是提问,而不是主动提出建议。你可以这样开始:"好吧,所以你最好的选择是卖掉房子。你需要做些什么来卖房子呢?"这将带来一场关于寻找中介、签合同、通知房客和儿子等行为的头脑风暴。你甚至可能想用一种你的朋友正在与她自己达成协议的方式，来把这一切都记录下来。

一旦你列出了细节，最后的工作就是设定一个确定的时间与地点，来查看事情的进展情况。通过创建契约，你帮助你的朋友下达了一个道德层面的命令，让他可以自己去履行。当涉及艰难的决定时，拖延是很容易发生的。温和但坚定地让你的朋友对进度负责，你将帮助他克服对现状的惰性。

但如果经过前两步后，你倾听的对象仍不能做出选择，你或许可以通过问这个问题来帮助他："你愿意听听我对这件事情的建议吗？"

需要注意的是，你一定要在对方同意的情况下给出建议。这与大多数人提建议的情况不同。很少有人会请求对方的同意，他们假设自己在朋友的问题当中起着重要作用，所以他们有权给出建议。实际上不是这样的，向你求助的朋友未必对你的观点感兴趣。你需要获取对方明确的同意，这样，也只有这样，你才能提供你那些关于该怎么做的想法。

基于结果的指导和反应性聆听、情感标记都是一样的，它们的注意力都集中在说话人的身上，而你的感情则无关紧要。每当"我"侵入到倾听的过程中，解决问题的可能性就会大打折扣。

达成协议，敦促执行

让我们一起想象一个在家庭中常见的情境：

你："去打扫你的房间。"
你十三岁的孩子："好的。"

几个小时过去了，房间看起来仍然像被手榴弹炸过一样乱。你变得沮丧，开始对你十三岁的孩子大喊大叫，希望他能听话。但你的孩子生气了，反而变得更固执了。你该怎么办？

尽管这听起来很疯狂，但真正的问题其实在于你自己。如果你没能和孩子达成一个需要负责任的协议，你就要为后来的挫折和失败负责。你相信别人知道你在期待的是什么，而这并不总是能成功实现的。常识告诉我们，别人看不懂我们的心思。然而，我们却总是顽固地坚持，期望别人准确地了解我们想要什么以及我们希望事情如何完成，尽管我们从未明确地去要求对方。

为了解决这个问题，我们需要意识到，达成一个需要负责任的协议是非常非常有必要的。这不会是一件旷日持久的事情，你会发现多花费一点点时间去达成协议，将会在未来节省大量时间，而你也不必再为对方没有履行义务而感到痛苦。就像那句老话说的："现在不还，以后还是得还。"

需要负责的协议包含以下要素：

- 达成协议的人是可以被确认的。
- 协议的具体内容是关于要做什么以及做事的标准。
- 协议应该明确地表明到底做到什么程度才算完成。
- 协议需要明确地指出完成时间。
- 协议需要规定如果未能完成时的处理方案。

你可以和你十三岁的孩子达成协议，如果这个协议包含以上所说的所有要素，那么它一定会奏效的。接下来给你一个与孩子之间可以进行的对话的案例：

你："我需要你去整理你的房间，让我们来达成一个协议。"

孩子："好。"

你："我希望你能把房间整理干净，你的衣服要么放进脏衣篓里等我洗，要么就放进衣橱。把该挂起来的衣服挂好，需要叠起来的衣服叠整齐，并放进你的抽屉里，你能重复一遍我刚刚说的话吗？"

孩子："当然。把脏衣服放进脏衣篓里，把衣服叠好放抽屉里，然后把需要挂起来的衣服整齐地挂在衣橱里。"

你:"没错。另外还需要增加几点。垃圾需要放进废纸篓里扔到外面去。盘子和杯子需要拿到厨房然后清洗。游戏机和玩具需要收拾整齐。你的被子要叠起来。你能重复我刚刚说的任务吗?"

孩子:"你希望我把垃圾收好倒掉,把脏盘子脏杯子拿到厨房洗干净。你还希望我把游戏机和玩具收拾好,然后整理我的床。"

你:"对。那么我刚刚提的这些要求,有没有你认为不合理的内容?"

孩子:"没有。"

你:"那让我们来规定一下什么时候做完。你觉得你需要花多长时间才能把房间收拾干净?"

孩子:"可能要几个小时吧,我正在看一部电影,等看完我就可以去打扫了。"

你:"那么,现在是一点整。四点前你能把房间收拾好吗?"

孩子:"可以。"

你:"好的,那么还有什么事可能会阻碍你在四点前收拾干净你的房间?"

孩子:"唔,我可能会忘记去做这件事。"

你:"那么你可以做些什么来提醒自己,不要忘了在看完电影之后收拾房间呢?"

孩子:"我可以给自己做一个大大的提示贴纸。"

你:"好的。还有什么事可能让你不能在四点前收拾好房间?"

孩子:"我可能会分心。"

你:"这和忘记很像。那么你可以做些什么来阻止自己分心呢?"

孩子:"我不会分心的,我会收拾好的,我保证。"

你:"让我们再确认一件事情。如果四点前你没有把房间收拾好,我们该怎么办呢?你希望我用什么方式来处理这个问题?"

孩子:"唔,我不知道?我猜你可以提醒我。"

你:"那我来规定吧,如果你需要我在四点的时候提醒你收拾房间,那么作为代价,你需要在晚饭后帮我们洗碗。"

孩子:"嗯,这听起来挺公平的。"

你:"好的,那么我们约好了,等你看完电影,你就会在四点前收拾好你的房间。我们说好了,收拾房间包括把衣服叠好挂好,把脏衣服收起来,垃圾扔掉,洗盘子和杯子,收拾游戏机和玩具,并且收拾床。那么你来重复一遍我们的约定,这样我们两个人都可以搞清楚我们约定好的内容。"

孩子:"我们说好了,等我看完电影,我会在四点前把房间收拾干净。我会把衣服叠好挂好,把脏衣服收进脏衣篓,把垃圾倒掉,然后把脏盘子和杯子拿到厨房洗干净。我要收拾干净我的游戏机和玩具,然后把床整理干净。"

你:"如果你没能在四点前把房间收拾干净,你同意今晚帮我们洗碗。"

孩子:"是的,如果我没在四点前把房间收拾干净,今晚的碗也由我来洗。"

你:"太棒了,感谢你宝贝儿。"

你可能会默默地想:"我才没时间搞这一套。这也太痛苦了。"但实际上,如果你习惯了在做事情前先达成协议,你会发现你身边的冲突减少了,情况可控了,你身边将充满快乐。这一点点小投资,将为你带来巨大的收益。

这整段对话可能需要花费三到四分钟。尽管这段对话非常短暂,它带来的意义却是不可估量的。让我们仔细地分析一下。你通过一个请求来展开你们之间的对话。当你给对方选择的机会,尤其是对孩子这样做,你就充分地尊重了他们的自主性。当他们觉得自己有所选择,就不会主动拒绝,也不会消极逃避,更不会变得固执己见。

一旦你们达成了协议,你就清楚地表明了打扫一个房间对你来说包括了什么。这需要你首先清楚地知道自己想要什么。你可能会惊讶地发现,你经常处于一种缺乏清晰目标的状态,并且期望其他人能给出答案。

通过如实反映,你可以来确认自己的话是否被充分理解——"重复一遍我刚刚说的话。"这看上去似乎毫无价值。"他当然听到我说的话了。他是什么?听力障碍还是智力缺陷?"你可能会在心里这么想。然而你说出的话并不等同于他人也是这样理解的。利用如实反映和释义的技巧,可以完成两个重要的目标。第一,当对方成功地重复了你的期望,你也会再次清楚地认识到自己陈述过的内容。第二,当对方重复你的期望时,他也是在内化这份期望。这使得责任更容易被履行。

如果对方不能重复你的期望,你需要再次重复这一过程,你可以按照下面示例的这样做:

你:"我希望你能打扫房间,你需要把脏衣服放进脏衣篓,把干净的衣服放进衣柜。把该挂起来的衣服挂好,把需要叠起来的衣服叠好,在抽屉里放整齐。你能重复一遍我刚刚说的话吗?"

孩子:"呃,我记不住。"

你:"我希望你能打扫房间,你需要把脏衣服放进脏衣篓,把干净的衣服放进衣柜。把该挂起来的衣服挂好,把需要叠起来的衣服叠好,在抽屉里放整齐。试试重复我刚刚说的话。"

孩子:"呃,你希望我把地上的衣服捡起来。"

你:"你说把地上的衣服捡起来。我的意思是,打扫房间包括把脏衣服放进脏衣篓,把干净的衣服放进衣柜。把该挂起来的衣服挂好,把需要叠起来的衣服叠好,在抽屉里放整齐。再试一遍。"

孩子:"好。你希望我把脏衣服放进脏衣篓,把需要叠起来的衣服叠好放抽屉里,把该挂起来的衣服整齐地挂在衣柜里。"

你:"没错。"

你可能会需要多次重复这个过程。不要觉得沮丧,也不要和对方强调仔细听你说话,更不要和对方说他是个傻瓜。许多人,尤其是儿童和青少年,他们的工作记忆是有限的。他们的脑海里充斥着大量信息,一旦他们的工作记忆达到饱和,他们就无法记住更多的东西了。

通过如实反映和释义,实际上你是在帮助他们扩充工作记忆的容量;你在帮助他们锻炼脑力。这并不是一件微不足道的事情,它需要你足够耐心。你需要有足够的自我意识,去抑制你自己的挫败感,从而变得更有耐心。

当你们就做什么和怎么做达成共识时,你会希望约定好完成的时间。你需要再次去和对方确认,合理的时间是什么时候。如果他提出的时间对你来说不合理,你需要去找到是什么导致对方如此提议。下面是一个示例:

你:"让我们来确定一下什么时候完成这件事。你觉得什么时候收拾好房间比较合理?"

孩子:"我可能会在周三下午做这件事。"

你:"今天是周五,为什么你觉得自己需要花五天时间来打扫房间呢?"

你可能会对答案的合理性感到惊讶,即使你并不喜欢这个答案:

你:"让我们来确认一下什么时候完成打扫。你觉得需要花多长时间来收拾好房间?"

孩子:"我可能会在晚上上床前收拾好。"

你:"现在是下午三点,为什么你觉得自己需要七个小时来打扫房间呢?"

孩子:"妈妈,我在做我的学期论文,我需要去图书馆。所以晚饭前我都会在外面。我会在晚饭后打扫房间的,等我写完论文之后立马就做。"

如果对方的理由看起来像是对达成共识的逃避，那么问问："这理由是否合理？"

你："让我们来确认一下什么时候完成打扫。你觉得需要花多长时间来收拾好房间？"

孩子："我可能会在晚上上床前收拾好。"

你："现在是下午三点，为什么你觉得自己需要七个小时来打扫房间呢？"

孩子："唔，我有好多其他事情要做。"

你："我希望你能在下午四点前把房间收拾好，你觉得这样合理吗？"

通过询问你的要求是否合理，你给了对方一个质疑你的要求的机会。这样做的好处是，他人有责任去解释你的要求为什么不合理。现在谈话变成了一个短小的谈判。最终你们将会达成共识。

接下来的一步很多人都会忽略。你需要询问是否会有什么事情阻碍整个计划按时完成。你一定会惊讶于这个问题所蕴含的力量：

你："好的，那么还有什么事情可能会阻碍你在四点前收拾干净你的房间？"

通过对可能发生的阻碍做一个确认，你可以在问题发生之前准备好解决问题的方案。当对方可以确认阻碍目标按时完成的潜在风险时，你就可以提前应对。如果你在每次协议确认中进行这个步骤，承诺被履行的概率将会飙升。

即使确认了潜在风险，人们不按承诺去做的可能性也非常大。一个靠谱的协定一般都会包括下面这个问题："如果你没有按约定完成，该怎么办？"不遵守承诺应该要付出代价。有时候这个代价可以很轻，而有时候违约的人却需要付出沉重的代价。如果你们提前讨论过后果，你将会发现任务往往能更好地被完成。并且在万不得已必须令对方付出代价的时候，他们也不会那么抗拒对自己造成的恶果承担责任。

用充分地如实反映来结束你们关于共识的对话，记得一定要充分讨论具体细节。坚持下去，直到对方成功地重复了整个协议。如果协议太过复杂，可以把商定的基本内容写在一张纸上并注明日期。只要双方同意这个书面协议是没问题的，你就不必在上面签字。你不是在写一份复杂的协议，所以手续是不必要的。这是一个社会契约，而不是一个法律契约。

为什么这么麻烦？为什么不能直接冲你的孩子大喊，让他去收拾房间？

当你和孩子达成协议时，你在教他们如何承担责任。你在教育他们如何获取清晰的目标，以及如何按约定好的去做。换句话说，你在教他们做一个正直的人。每次和孩子达成协议，孩子们都会从中学到信任和责任。通过多年的重复，这一道德准则将深深地烙印在这个年轻人身上。还有什么比这更好的教育方式吗？而你的任务就是去帮助他们达成这个目标。

这个过程也能让你帮助孩子们学会如何与他人达成协定。他们会从你身上学到清晰地表述期望的方法，明确如何落实操作，如何为失败做计划。你将教给孩子们的是领导力与管理技巧，这将对他们成年后的工作生活带来巨大的帮助。

关于达成协议还有一个有趣的结论。人们往往趋向于负责，因为他们希望自己的形象与行为保持一致。如果一个孩子把自己看作是一个讨人喜欢的人，那么他会希望确保自己的行为与承诺一致。有责任感的协议具有强大的道德力量。如果你能将协议作为一种准则，每当你想要别人做某件事时，你都和他人先达成一种协议，你就会发现，周围的人常会兑现他们的承诺，而这是件令人快乐的事。

作为练习，让我们写下一个你想和孩子或伴侣一起达成的协议。让这个协议尽量简化，但一定要非常明确。然后，用刚才场景例子里的格式，写下对话可能的展开。

本章小结

在本章节中,我们学习了一些简单的解决问题的技巧,让你在遇到愤怒、沮丧或情绪化的人时,可以从容应对。当然,你也可以在不需要使人冷静的场合下利用这些技巧。这些技巧包括:

·**简单地如实反馈**:逐字逐句地重复对方说过的话。

·**释义**:用你自己的话转述对方说过的话。

·**核心信息提取**:总结对方试图表达的内容,通常会用隐喻的方式。

·**情感标记**:用简单、直接的"你"开头的陈述句描述他的情绪。

·**基于结果的指导**。

·**达成需要负责任的协议**。

第四章
当沟通遇到了障碍

从我开始接触和平监狱计划已经差不多两年过去了，我的生活发生了翻天覆地的改变。我学到了如何做情感标记，学会了提取核心信息。而这帮助我了解了我自己，让我对自己和他人都有了更深层次的理解。这些技巧让我能够"倾听他人的存在"。许多囚犯都不觉得自己被"倾听"。和平监狱计划所传达的技巧使人们的情绪"合理化"。它独特的方法帮助我们摆脱愤怒，给了我们安全与健康的选择。

学习这些技巧，让我能够再次获得长远的理性思考，这对于精神的和平是非常重要的。结果很棒，我能够减少冲动的反应，并且更少感到生气与挫败。而我的改变，也能成为帮助他人的力量。

——丹尼尔·亨森（Daniel Henson），山谷州立监狱如果你的生活中有青少年，那么本章可以为你提供许多方法。这些方法利用了前几章所讲述的技巧，可以帮助你让孩子们快速地冷静下来。你将学会用最少的强迫与最多的倾听来解决问题，做情感标记。

就像第二章中讨论孩子们的例子一样，即使你还没有成为父母，甚至不常与青少年接触，但不论你所应对的是人还是场景，是青少年还是其他人，本章所提供的重要的练习、技巧与提示，都会帮助你面对愤怒与情绪化。你很容易发现，这些场景、对话与生活中其他领域所发生的情境非常相似，尤其是当你需要应对那些情感淡漠、甚至阻抗的人时。我还分享了一些有用的小提示，这些小提示可以帮助你应对欺凌，而欺凌可能发生在任何时候、任何年龄。我还会讲述如何利用"和平圈（peace circle）"，来培养与他人之间的联系，以达到深度倾听。

对方抗拒沟通怎么办

就像很多成年人所感受到的那样,孩子十三岁到十九岁的这几年,是非常难应对的。对于青少年来说,从童年到成年的过渡可能会带来强烈的焦虑、挫折和困惑,童年的安全感与确定性似乎已经消失了。他们可能在不同的年龄进入青春期,突然间孤独感和焦虑感便涌上心头。此时以自我为中心对他们而言是非常正常的,因为青少年总是会被他们自己的问题所吞噬:

"我很普通吗?"

"我看起来怎么样?"

"人们怎么看待我?"

青少年开始自然而然地变得内向,并且从他们的家庭中脱离。他们对自己所经历的一切变得不那么开放与坦诚,原因有许许多多,比如困惑、尴尬、自尊(他们非常希望自己看起来自信而有能力)、害怕被拒绝、害怕丢脸……青少年往往会为了追求自己所渴望的亲密关系而放弃自我,他们这样做,仅仅是为了抗拒他们所不能接受的事实:其他孩子还没有足够成熟,来提供他们所需要的爱。

好消息是,青少年行为是可以预测的。他们的行为模式是重复的,处理生活中的问题的方式并不是创造性的。如果我们愿意做出努力,这种可预测性将为我们提供深层次理解他们的机会。

大多数青少年的行为都是无意识且自动的。大脑的执行功能直到20世纪20年代才被人们所了解,所以我们不能期望青少年自己能够深刻反思并达到自我认识。这意味着我们有时不得不帮助他们。如果愿意努力的话,请从更深层次去了解他们。

安抚青少年的第一条准则是检讨你自己的态度和行为。父母下列无意识的行为,会否定孩子的情感,并让他们感受到虐待。这些行为会使青少年对你抵触、与你疏远,甚至变得更加暴躁。你需要避免做出以下这些行为:

- **讲大道理。**
- **谴责。**
- **威胁。**
- **反复问一些愚蠢的问题,比如:"今天在学校过得怎么样?"**
- **盘问或审问。**
- **表示愤怒、沮丧或怨恨。**

你需要做的,是在孩子们需要你的时候做他们的情感依靠,而最重要的是你的心态。孩子们会感知到是否可以与你有情感上的接触。那些与孩子关系亲密的家长都常说,他们随时做好准备放下一切,只要他们的孩子展现出了想要交流的信号。做到这件事很难,尤其是当你手头有很重要的工作与任务需要去处理的时候,这是必然的。当你孩子情绪低落,而他又感觉其他事情对父母来说更加重要时,他就会倾向于将情感释放在别处。

青少年认为父母要么不关心他们,要么不理解他们。他们似乎在说:"走开,我自己能行。"而他们真正的意思是,"我希望你大部分时间都能紧紧地跟在我后面,有些时候可以站在我身边,而当你看到我在做蠢事或自我毁灭时,再站在我面前。"

你需要抱持着理解和关心,而不是用专横傲慢、过度控制、过分需求、过度焦虑来面对他们。你必须保持一种强大而稳定的状态,而不是让孩子感到窒息和压抑。你要去确认他们的情感,同时还要让他们能够拥有自主性的感觉。一般来说,下面的方法将帮助你平安地驶过孩子们情感易爆发的地带:

- 不刻意、不强求地寻找一些开放的交流机会,比如:
  用短信来吸引孩子的注意力;
  睡晚一点,在孩子回家或做作业的时候碰巧"撞见"他们;
  在孩子和同龄人交流的时候,不要插嘴。
- 作为听众,你的需求并不重要。把你的自我关在门外。
- 如果孩子沉默,你可以尝试从通过做情感标记开始:"你看起来很生气。"
- 做情感标记的时间不要超过九十秒。

- 如果你被拒绝了,那就停下来。一会儿再试可能会更有效果。
- 忽略他们话语的表层意思,记住集中注意力在他们的情绪上。

一旦他们恢复了平静,就要考虑着手解决问题,但尽量减少对他们判断的干扰与强迫。如果你并没有卷入到他们的问题里,那么就从基于结果的指导开始。如果问题牵涉到你,那么就从达成协定开始。你可以设定界限,但要让他们在能够有所选择的同时知道事情的后果。在设定的界限内,可以尽可能尊重他们的自主性。

让自己不去否定孩子们的情感,这真的是一种挑战,因为青少年的焦虑是如此强烈,甚至也会影响到你。你的潜意识只想让你摆脱这种焦虑。如果你忍不住脱口而出一些否定他们情绪的话,会使得整个交流过程都变得很糟糕。你要学会适应孩子们的焦虑。不要试着去修正它。最重要的是,不要为了自己舒服而伤害到孩子。

不开心的、冷漠的青少年

没有正确的指导,男孩子可能会对男子气概有着简单粗暴的认知。他们开始相信,成为一个男人意味着更强、更重要、更有控制力。如果他们缺乏情感粒度,他们就无法理解自己的情感体验。当他们感到自己被家长或是老师这样的权威人物羞辱,又或者是被喜欢的女孩拒绝时,他们就会感到自己非常渺小,从而失去信心,感觉自己被控制。为了应对这种丢脸所带来的痛苦,他们往往会封闭内心，对自己说"没人关心你，你是一块岩石，是一座孤岛"，然后在心里竖起一道墙，把自己与一切温暖、关爱、喜好，以及与他人相关的美好连接统统断绝。因为这样会感觉比较安全，否则产生联系后再被伤害，感受到痛苦的风险就太大了。

青少年发现通过哭泣来表达自己的感情是很难的，但他们确实有一些脆弱的地方。他们沮丧的时候可能会闷闷不乐、变得粗鲁、甚至产生敌意。许多刚进入青春期的青少年都想塑造一种强硬的形象，因为他们不知道应该如何在公共场合把控自己。当你内心感到恐惧，不知道自己是谁、是什么样的，那么你如何能表现出"酷"的感觉？

面对一个闷闷不乐、冷漠的青少年，你运用倾听技巧时将受到很多限制。一方面，你想伸出援手，而另一方面，你会对他感到愤怒而失望，这使得你需要花费很多力量保持内心的平和。记住这个重要的规则，将使你受益匪浅：忽略他们话语的表面意思。

在使孩子们平静下来的九十秒内，你需要去忽略对方说的话、他们的眼神、咕哝声、讥笑，甚至是对你完全不尊重的行为。否则，你可能会因此而暴怒，并陷入冲突的漩涡。而冲突的爆发对你来说没有一点好处。

让我们来分析一个可能发生的场景：你十四岁的孩子出现在厨房里，无视了你以及厨房里其他的每一个人。

你："你看起来很生气。"

孩子沉默，低着头，与你没有眼神交流。

你:"没有人听你说话,所以你感到不被尊重。"

孩子抬头看着你。

你:"没有人理解你。你感到沮丧和困惑,因为你感到被抛弃,很迷茫。"

孩子:"是的。你怎么知道的?"

你:"你有点好奇,但你不相信任何人会关心你。"

孩子:"是的。"

你:"你感觉自己不被爱,也不值得被爱,没有人真正关心你。"

孩子:"是的。"

保持沉默,看看你的孩子是否会自己说出些什么。你需要保持你们之间的氛围有安全感,而不是为了满足自己摆脱焦虑的需要,去用话语填补这段无言的时间。如果没有更多的事情发生,给他一个温暖的、真诚的微笑,然后回去做你自己的事情。

这可能会耗费十五到二十秒的时间,但这是必要的。尽管你没有和孩子交谈,你仍然做了一件非常有意义的工作。首先,你表达了自己愿意倾听他的意愿,并且没有表示出自己的主张。其次,你不批评、不评判,让你的孩子感到自己被尊重,可以自己做主。再次,你用情感标记的方式帮助孩子对自己的情感体验做了一个分类,而这件事仅靠他自己是无法做到的。你拓展了他的思路。如果每周多做几次这样的练习，你会发现你的孩子将一点点变得开朗起来。当他感到安全，他就会主动参与到对话中来，甚至可以接受问题解决的指导。

阻碍与抗拒

孩子也可能会用阻抗的方式来回应你的情感标记。凭直觉，你可以通过以下几种方式来掌控这种局面。

你："你看起来很生气。"

孩子保持沉默，低着头，与你没有眼神接触。

你："没有人听你说话，你感到自己不被尊重。"
孩子："别对我做这些！"

他不是在拒绝你，这次冲突不是针对你，别在意它。这是一个年轻人试图搞明白自己感受的挣扎，他实在搞不明白为什么心里一团乱。他还感到羞愧，因为他体验到了孤独、困惑，而不善言辞的他与理想中那个强大、独立的男人形象大相径庭。由于他没有学会任何可以用来表达自己的技巧，所以他能用来应对焦虑的唯一手段就是泄愤。这种行为模式是很常见的。许多家长听了孩子的气话，变得暴怒，从而引发了亲子间的冲突，这使得他们失去了使状况平息下来的能力。显而易见的是，他们都未意识到这种模式正在发生，也就不能控制自己无条件的反应。

应对阻抗的方法是,再坚持一下,看看会发生什么:

你:"你看起来很生气。"

孩子保持沉默,低着头,与你没有眼神接触。

你:"没有人听你说话,你感到自己不被尊重。"
孩子:"别对我做这些!"
你:"你感觉困惑与沮丧,你觉得没人听你说了什么,也没人理解你。"

孩子沉默了。

沉默往往是一种好的反应。只要你的孩子不起身离开,那么你就在推动事情的进展。当面对沉默时,千万不要放弃。要知道这其实只是在试探你的真诚度,看看你是否真的想要试图与他们接触。孩子们的大脑会无意识地处理一个基础的问题,那就是你是安全的还是危险的。应对沉默,你可以选择继续做情感标记,来看看是否能够得到一个点头、一段口头回答或是一个放松的小动作。假如一两次尝试后,孩子仍然保持沉默,恭喜你构筑了一种沉默的连接。你需要小心沉默带给你的焦虑情绪。如果你不时刻对这种情绪保持警醒,焦虑可能会让你停止做情感标记,甚至说一些起反作用的话。

下面是另一个更难处理的案例:

你:"你看起来很生气。"

孩子保持沉默,低着头,与你没有眼神接触。

你:"没有人听你说话,你感到自己不被尊重。"
孩子:"别对我做这些!"
你:"你感觉困惑与沮丧,你觉得没人听你说了什么,也没人理解你。"
孩子:"你能别再对我做这些蠢事了吗?你不是我的治疗师,我讨厌你总对我说这些婆婆妈妈的废话!"

这看起来仿佛激怒了他,而不是让他变得冷静。或许是这样吧。如果你让他变得更加生气了,你需要冷静地后退。还会有许多其他的机会。这并不是一种失败,你只是需要在战术上做一些小的调整。面对这种愤怒,你可以坚持这样做:

你:"你看起来很生气。"

孩子保持沉默,低着头,与你没有眼神接触。

你:"没有人听你说话,你感到自己不被尊重。"
孩子:"别对我做这些!"
你:"你感觉困惑与沮丧,你觉得没人听你说了什么,也没人理解你。"

孩子："你能别再对我做这些蠢事了吗？你不是我的治疗师，我讨厌你总对我说这些婆婆妈妈的废话！"

你："你现在真的很生气，因为没有人能理解你。你因此感到很沮丧，觉得自己被彻底地抛弃了，你很孤独。"

孩子沉默了。

做得好！沉默是金。你通过最后一次情感标记抓住了机会。觉得不被理解会带来孤独感与被抛弃的绝望感。对于现代青少年来说，这是非常平常的体验。事实上，这甚至非常普遍。

再让我们来假设另一种可能性：

你："你看起来很生气。"

孩子保持沉默，低着头，与你没有眼神接触。

你："没有人听你说话，你感到自己不被尊重。"
孩子："别对我做这些！"
你："你感觉困惑与沮丧，你觉得没人听你说了什么，也没人理解你。"
孩子："你能别再对我做这些蠢事了吗？你不是我的治疗师，我讨厌你总对我说这些婆婆妈妈的废话！"
你："你现在真的很生气，因为没有人能理解你。你因此感到很沮丧，觉得自己被彻底地抛弃了，你很孤独。"

孩子:"我讨厌你,我讨厌这里的一切!"

现在,一些真正的感情开始浮上表面。你是否有足够的勇气与爱来站在混沌的情绪漩涡中心,来为你的孩子撑起一片安全的蓝天?下面这个回应是我尤其喜欢的:

你:"你看起来很生气。"

孩子保持沉默,低着头,与你没有眼神接触。

你:"没有人听你说话,你感到自己不被尊重。"
孩子:"别对我做这些!"
你:"你感觉困惑与沮丧,你觉得没人听你说了什么,也没人理解你。"
孩子:"你能别再对我做这些蠢事了吗?你不是我的治疗师,我讨厌你总对我说这些婆婆妈妈的废话!"
你:"你现在真的很生气,因为没有人能理解你。你因此感到很沮丧,觉得自己被彻底地抛弃了,你很孤独。"
孩子:"我讨厌你,我讨厌这里的一切!"
你:"你真的很生气,很沮丧。我会坐在这里,如果你需要的话,我会为你创造一个安全而有爱的空间,你可以生气,可以愤怒,可以沮丧,只要你需要。你可以沉浸在你的仇恨里,你甚至可以让它来得更激烈。我会在这里陪着你,只要你需要,我一直都在,我会陪你经历这一切。"

你接纳了孩子的恨意,这股恨意在此刻非常真实,而你没有逃避。你表达了自己愿意提供一个充满安全感与爱意的空间的意愿,而你做的事情是令人惊讶且违反大家的常识的:你鼓励孩子去感受恨,甚至鼓励他变得更加激动,只要是他需要的,他都可以去做。你不害怕、不生气、不敷衍、不沮丧。你沉稳而满怀爱意,只想坐在那里陪着孩子。这就是奇迹可能降临的瞬间。假如之后我所说的一切真的发生,请不要感到惊讶:

你:"你看起来很生气。"

孩子保持沉默,低着头,与你没有眼神接触。

你:"没有人听你说话,你感到自己不被尊重。"

孩子:"别对我做这些!"

你:"你感觉困惑与沮丧,你觉得没人听你说了什么,也没人理解你。"

孩子:"你能别再对我做这些蠢事了吗?你不是我的治疗师,我讨厌你总对我说这些婆婆妈妈的废话!"

你:"你现在真的很生气,因为没有人能理解你。你因此感到很沮丧,觉得自己被彻底地抛弃了,你很孤独。"

孩子:"我讨厌你,我讨厌这里的一切!"

你:"你真的很生气,很沮丧。我会坐在这里,如果你需要的话,我会为你创造一个安全而有爱的空间,你可以生气,可以愤怒，可以沮丧，只要你需要。你可以沉浸在你的仇恨里，你甚至可以让它来得更激烈。我会在这里陪着你，只要你需要，我一直都在，我会陪你经历这一切。"

孩子："我恨你，我恨你，我恨妈妈，我恨所有人，我恨学校。"

你："你恨所有人、所有事。"深思熟虑地停顿后，"你恨小狗吗？"

孩子笑了："不，我不恨小狗。我不恨你也不恨妈妈，不恨学校也不恨其他任何人。谢谢你听我说话。"

你："不用谢，宝贝儿。"

某种程度上，你通过提问，打破了一种规则。然而这个问题并不是直接去问孩子他的情绪是什么。你问了一个他可能会憎恨的东西，而你知道这种憎恨根本不可能存在。你的幽默打破了愤怒的屏障。

这个方法的关键在于去允许和接纳强烈的感情。告诉你的孩子，去深刻地体验这种感情，然后稍微地做一下情感标记，如果时机合适，也可以通过举一些幽默的极端例子，来做破冰的尝试。

即时满足

你十六岁的女儿凯尔西很恼火，因为她不得不开着破旧的雪佛兰去上学：

凯尔西："我不想被别人看到坐在一块垃圾里！你见过其他孩子都开的什么车吗？"

你:"你必须开着旧雪佛兰去上学,这让你很恼火,你感觉很尴尬。"

凯尔西:"这实在太不酷了。我看起来像个蠢蛋。"

你:"你担心其他孩子会认为你是个蠢蛋,你害怕别人都不喜欢你。"

凯尔西:"谁会喜欢开这种车的白痴?"

你:"你担心你会被你的朋友耻笑和羞辱。"

凯尔西:"是的。"

她很快冷静下来了,让我们来帮助她做一些基于结果的指导:

你:"你想得到一些帮助吗?我可以帮助你,让你搞明白应该做些什么。"

凯尔西:"我只想要一辆看起来很酷的新车。"

你:"如果你真的有一辆看起来很酷的新车,你觉得会有什么好事发生在你身上?"

凯尔西:"呃,我想大家都会觉得我真的很酷。"

你:"那么如果大家都觉得你真的很酷,又会有什么好事发生在你身上?"

凯尔西:"我会被大家喜欢,被大家尊重。我会拥有很多好朋友,男生会想和我约会。"

你:"不错。如果你被大家喜欢,被所有人尊重,并且男孩子们都被你吸引,还会有什么好事发生在你身上呢?"

凯尔西:"呃,我猜我会感觉很棒,我会很开心。"

你:"所以你是说,你的目标是让自己感觉很棒,很开心。"
凯尔西:"没错。"

基于结果的指导这次以一种不一样的方式展开。凯尔西害怕一旦开旧车去学校,自己就会被别人当成傻瓜。她的解决方案是拥有一辆看起来很酷的新车。你需要做的就是去找到她真正的目的是什么。不论是成年人还是孩子,都会提出"我要……"的要求,但他们并没有去思考什么才是他们真的需要的。通过问几个简单的小问题:"如果你有一辆看起来很酷的车,那么你觉得什么好事会发生在你身上?"你帮助凯尔西了解了自己真正的需求是什么。

就像对话中展现的那样,你帮助凯尔西不断地挖掘,直到她明白了自己真正的需求是快乐、有吸引力,同时被他人尊重。于是你通过提问进入到指导的下一个阶段——"你会做哪些积极的事情,来让自己感觉很棒很开心?"等凯尔西回答完这个问题,你可以接着问:"你觉得还有哪些事情可以去做,来让自己感觉很棒很开心?"这种问话的方式,将帮助凯尔西进入解决问题的模式中,并进一步开始做行动计划。而当凯尔西找到了真正的问题所在,并且搞清楚了解决问题的方法,想要看起来很酷的车的想法早就被她抛诸脑后了。每当你的孩子提出一个需求("我想要"),你都可以使用这种策略来帮助她找到对她而言真正重要的是什么。大多数时候,你只需要花费不到十分钟。多重复几遍这个练习,你的孩子将会更快地自己找出该怎么去做,而抱怨的情绪会自主平息下来。

如何正确应对欺凌

青少年的欺凌并不总是身体上的。言语和情感上的欺凌可能和身体上的欺凌一样让孩子受伤。作为欺凌的受害者,你的孩子不太可能向你倾诉。像所有受害者一样,他或她会感到耻辱、无能和羞愧。因为十几岁的青少年主要关注的都是那些看起来有能力的、有控制力的和被喜欢的孩子,所以承认自己是个被欺负的弱者是非常困难的。像所有受害者一样,被欺负的孩子需要被深度倾听,他们并不需要任何建议,也不需要解决问题的方法。

让我们假设你的孩子被欺负了,并且想要和你聊一聊。她非常沮丧。你可以用下面的方式来倾听她的心事:

孩子:"我们班有个女孩,对我特别凶。每天她都要残忍地对待我。她骂我'蠢货''丑八怪',然后说'你没有朋友''没人喜欢你'。"

你:"你很生气,很受伤。"

孩子:"是的。我和辅导员讲我被她欺负,他们对我说:'克服它，每个人都经历过这些。她也只是个普通的女孩儿。'"

你："你感觉不安全，你觉得辅导员背叛了你。"

孩子："我和校长抱怨了这件事，但他什么都没有做。"

你："你觉得你被忽视了，感到自己被彻底地抛弃了。"

孩子："是的。"

你："所有的大人都无视你，他们让这个女孩子能够继续欺负你。"

孩子："是的。"

你："这件事真的让人难过和沮丧，没人关心你。"

孩子："是的。"

你："你还想说些什么吗？"

孩子："我只想这一切都停下来，我已经很累了，每时每刻我都感到恐惧。"

你："你受够了每天担惊受怕，并且希望能够一个人安全地待着。"

孩子："嗯。"

如果你认为，她已经感受到了自己被倾听被理解，那么你就可以开始做基于结果的指导，来帮助她找到一些新的方法策略。不要因为学校没有保护她而生气。我们的本能反应是暴跳如雷，打电话给校长，然后闹得昏天黑地。但大多数时候，这不能解决任何问题，甚至会带来更多麻烦。用一种谨慎的、有同理心的方法帮助她自己解决问题，比直接介入其中更节省时间。直接介入或许能缓和你自己的焦虑，但并不会帮助你的孩子应对世界上必然存在的欺凌。这可能不会是她遇到的最后一次恶意相向。你最强有力、最智慧的方法，就是确保她能够向你倾诉，被你理解。通过这种方式，她会感到安全，这将给予她力量。

倾听霸凌者

霸凌者是后天形成的，而不是天生的。霸凌者可能是任何性别，他们欺负人的方式可能形式多样，程度有深有浅。他们通常：

- **拥有平均或高于平均水平的自尊。**
- **通过对他人造成伤害来获得满足感。**
- **寻求同类的关注或认可。**
- **设法想让自己看起来强硬而有控制力。**
- **对受害者或其他人几乎没有同情心。**
- **总是设法支配他人、控制情况。**
- **被他人描述为暴脾气、易冲动。**

霸凌者总是以自我为中心的，他们只关注自己的需要，只关心自己快不快乐。他们通常不能为自己的欺凌行为负责。

对于那些出生在有虐待行为的，或把体罚当作常态的家庭里的孩子，成为霸凌者更是普遍。孩子经常会从家庭环境中习得行为模式，比如学习父母对彼此或对他人的辱骂行为。他们控制弱小的孩子，因为控制会使他们的脑中产生多巴胺。当他们凌驾于受害者之上，觉得自己比受害者"更好"，就会产生快感。不幸的是，这种快感消失得非常快，霸凌者很快就必须去寻找另一个受害者，使自己再次变得快乐起来。某种程度上，这是为了应对更深层次的创伤而产生的成瘾行为。

让我们假设你的孩子是个霸凌者。一次偶然的机会，让你可以和孩子一起探讨欺凌行为。你会怎么操作？你会用责备他的方式，来缓和你自己的焦虑吗？又或者你会去试图了解更深的层面上，你的孩子到底发生了些什么？

下面是你可能会用到的方法：

你："你在学校欺负了斯凯勒。告诉我发生了什么事。"

玛丽莎："没什么。我和我的朋友们只是在开玩笑。我们并不是有意的。"

你："你因为被抓到了而恼怒，你很害怕接下来可能发生的事情。"

玛丽莎："我什么都不怕。"

你："没有人听你说话，你觉得每个人都在反对你。"

玛丽莎："是的。"

你："你生气了。"

玛丽莎："是的。"

你："欺负斯凯勒让你感觉自己很强。"

玛丽莎："我没有欺负她。"

你："好吧，取笑斯凯勒让你感觉自己在朋友面前很有面子。"

玛丽莎："我们只是在开玩笑。"

你："你很享受。"

玛丽莎："是的。"

你:"这样做让你感觉很好。"

玛丽莎:"是的,很有趣。"

你:"斯凯勒对你来说并不重要。"

玛丽莎:"她只是个戴着怪异眼镜的新人。没有人喜欢她。"

你:"你觉得对斯凯勒指指点点是没有风险的,因为觉得她不会反击。"

玛丽莎:"她不可能这么做的。"

你:"你喜欢自己在学校里受欢迎的感觉。"

玛丽莎:"是的。"

你:"你害怕如果你失去了人气,没有人会愿意和你在一起。你害怕被抛弃,害怕孤独。"

玛丽莎:"是的。"

这是一场艰难的对话。玛丽莎一直在否认,尽管她找了些借口,来让她的欺凌行为看起来是有正当理由的。她对责任不感兴趣。而作为一个成年的听众,听到这些是令人恼火的,你觉得她很没礼貌,你感到非常沮丧。她对责任感的缺乏可能被你理解为无礼与傲慢。而如果你"咬了钩",你的愤怒和挫败感将更加强烈,使得情况变得更加恶化。此时你能采取的最好的办法,就是深入挖掘玛丽莎可能体验着的情感。

就像这个情境中展示的那样,你发现玛丽莎的情绪溢出得到处都是。她很生气、很沮丧、很懊恼、很自满、很害怕、很孤单,而她又因为自己的高人气而喜不自胜,她的情绪一个接着一个地涌出来。尽管她没能从中领悟到什么,你还是需要对她做情感标记,而不是猛烈地批评她。

你可以帮助玛丽莎获得更精细的情感粒度。多试几次,这种倾听方式将会产生积极的效果。

虽然你要通过情感标记的方式来理解玛丽莎的情绪,但这并不意味着她不需要为自己所做的那些事去承担后果。重要的是,这些后果需要在你们都很平静的情况下被提出。如果你在愤怒的情况下抛出她需要去承担的责任,这将让她觉得你在虐待她,她会感到不公平,觉得你的行为是没有正当理由的。这样会使整个过程失去教育的价值。

利用"和平圈"促成理解

针对玛丽莎欺负斯凯勒这件事,我们能做些什么?应对群体问题,"和平圈"是一种非常强有力的工具。当人们围坐在一起讨论,和平圈就会形成。在这个过程中,有一些原始的东西使得它变得非常神圣。如果你愿意做一个明智的领导者,和平圈会很容易搭建与运行。下面让我们看看整个步骤。

和平圈由五个及五个以上的成员组成,成员们坐在椅子上,围成一个圈。在最中心的地板上,需要放置一些东西来帮助大家集中注意力。花朵、蜡烛、书本或小塑像都可以作为中心。你需要一根发言棒,它可以是一根羽毛、一根钢笔或是一个小的毛绒玩具。你们需要指定一个圆圈监护者,他会邀请人们进入圈里。通常来说,监护者的任务是提问以及维护规则。基础规则很简单:

- 只有拿着发言棒的人才可以讲话。
- 在发言前,你需要回顾并反映前一个人的想法与情绪。
- 你可以跳过,也可以什么都不说。

- 把你想说的想法控制在九十秒以内。
- 允许监护者介入,来保证整个流程顺利进行。

监护者会问三个引导性问题,每次一个,圈里的每个人都可以回答这个被提出的问题。问题可以是宽泛的,也可以是控诉。对于主题是欺凌的和平圈,监护者可以这样问:

1. 欺凌是什么?
2. 欺凌在学校中的表现是什么样的?
3. 如果明天开始,你被欺负了,你能做些什么?

坐在监护者左边的人会开始回答第一个问题。然后坐在这个人左边的人需要先复述一遍上一个人所说的想法和感情。如果上一个发言的人觉得复述是准确的,那么新的发言者就可以进行发言了。这个过程沿着圈依次进行下去。当每一个人都回答完了这个问题,监护者就会提出下一个问题。然后整个过程重复一遍,直到三个问题都已经被回答完,讨论结束。我喜欢在散圈前先安静地坐一两分钟,来让整场的体验沉淀下来。

为了去了解玛丽莎,我会考虑召集她的同龄人。如果我能,我也会叫上斯凯勒。然而,这一定是在得到斯凯勒的许可的情况下,而且我们必须确保让她感到绝对的、无条件的安全。

这个简单的过程与普通的对话是非常不一样的。在和平圈里,你98%的时间都用来倾听,只有2%的时间在说话。因为规则要求大家记住其他人说的内容,并对他们做情感标记,所以参与者都会听得很认真。参与者会保持纪律,精神集中。通过和平圈,还能够培养参与者的同理心和理解力。

如果你想要试一试,就和你的家人一起在家中开始尝试吧。替换掉经常会问的三个问题,你们只需要问两个:

1. 今天你身上发生的最好的事情是什么?
2. 你期待明天发生什么?

即使是三岁的孩子,也能回答这些简单的问题。确保让每一个发言人都能做好情感标记和释义。记得增加一条关于电子设备使用的规定:不可以在和平圈内使用任何电子设备。整个过程大概会花费不到十五分钟,在晚餐前做这件事是最好的。

和平圈在生活中有着广泛的应用。不论是在监狱里的囚犯间,还是在商业上的伙伴间,定期运用和平圈将促进彼此的理解与信任,也会提升团队的领导力与凝聚力。它是家庭生活中的有效工具,也适用于任何需要团队协作的场合。

本章小结

在本章节中,你学到了一些应对青少年的倾听技巧。下面是本章的重点:

- 忽略孩子们说话的表层意思。
- 注意倾听,并猜测孩子的情绪。
- 耐心。
- 不要评判。
- 不要为了减轻自己的痛苦而伤害孩子。
- 针对欺凌的倾听技巧。
- 利用和平圈来促进彼此间的理解,创造联系。

第五章

如果对方喋喋不休

和平监狱计划对我终身监禁的人生产生了奇怪的影响。在参与和平监狱计划之前，我倾向于只管好我自己的事情，为了保证自己的安全，我总是小心翼翼的。这种人生信条使我感到安全，但我很少感受到平静，也缺乏生活目标。大多数囚犯都和我一样，只是试图生存。所以我虽然过着安全的生活，但却背负了许许多多的压力。

现在在监狱中，暴力事件也时常会发生。大多数暴力行为都是因为不尊重或误解。就是在这个领域，我学到了如何倾听与表达。和平监狱计划教导我去挖掘言语与其背后隐藏的东西，我学着去找到真正的问题和冲突，并有机会将学到的调解技巧用于避免暴力事件。此外，我还试图找到回报社会的方法，并对受害者进行补偿。我想没有比这更好的办法来保护受害者不受暴力侵害了。我真的觉得我在预防冲突和暴力，这为我带来了前所未有的目标感。我希望自己能够将这种方法分享给其他囚犯，让他们能够有更好的选择，而我所做的一切，也能够为美好社会贡献一分力量。

——约瑟夫·哈蒙（Joseph Harmon），州立山谷监狱在本章中，我们将教你运用新学到的技巧来对付沮丧而愤怒的朋友们。我们每个人都有过帮助朋友的经历，他们向我们寻求帮助时，作为关心他们的伙伴，我们会倾听他们的谈话。有时他们喋喋不休、反反复复、东拉西扯，想要跟上他们的节奏是非常困难的。虽然我们很关心他们，但还是忍不住通过晃腿来缓解焦虑。我们开始想："他能说重点吗？"面对这样的情境，你会发现找到核心信息，辅以情感标记，将会有效地抓住问题的关键。

如何提炼核心信息

梳理核心信息是反应性聆听的第三个水平，不同于第一水平的如实反映和第二水平的释义，当你提炼信息的时候，你所倾听的不是说话者说出来的文字，而是他想要传递的深层信息。

心烦意乱的人往往无法清楚地表达自己。他们想到哪儿说到哪儿，他们甚至不知道自己处在意识流模式中。这个过程叫作关联处理，一个想法触发了另一个想法，有时被触发的可能是另一个完全不相干的想法，这会让你偏离主题。从本质上讲，说话人的决策系统会自动地表达任何出现在脑海里的想法。

而你的工作就是从这些让人毫无头绪的信息中找到核心的内容。令人惊讶的是，一旦你掌握了诀窍，做这件事就会变得非常容易。你需要做的仅仅是将自我排除在外。只要你愿意给予说话人足够的关注，你就会发觉自己天生就有一种能力，能够准确地理解别人都在想些什么。绝大多数情况下，我们都不会对他人有足够的关注，我们只关心自己的想法和感受，所以无法意识到这些潜藏着的内在力量，但它确实存在。

大部分情况下，提炼核心信息都是个无意识的过程。我的意思是说，你不需要花费太多的努力来指出你的朋友真正想要表达的是什么。相反的，不用花费太多的思考，你仍然可以找到核心信息。这是你逐渐发展出来的一种不聚焦关注。下面六个步骤可以帮助你学习提炼核心信息的整个流程：

1. **倾听并忽略文字的表层意思。**
2. **保持沉默。**
3. **等待词语或句子浮现在意识里。**
4. **允许一些象征或隐喻出现在脑海里。**
5. **利用这些象征和隐喻来构建核心信息。**
6. **反馈核心信息。**

第一步：倾听并忽略文字表层意思

就像做情感标记一样，你需要忽略文字的表面内容，去倾听背后最主要的含义，也就是：我的朋友实际上想表达什么。有时候，你听了一些观点和词语之后觉得它们很重要，但你又担心会在朋友讲话的过程中遗忘。其实，不需要担心自己会记不住，因为这些观念会在你心中产生共鸣。如果你同时还关注了你朋友的情绪，你将会找到你朋友想要传达的核心主旨。

第二步：保持沉默

让你身体里的那个"话痨"闭嘴。不要试图去分析任何事情，你只需要保持安静，然后耐心等待。只要你学会了放松，不再去担心自己会漏掉重要信息，那么保持沉默将不再是一件难事。相信我，你不会忘记的，保持沉默会确保你不忘记，因为你大脑中的某个部分会追踪正在发生的事情，并给你的朋友所描述的状况建立一个模型。

第三步：等待词语或句子浮现在意识里

片刻之后，一些单词或短语会"浮现"在你的意识中。如果你有足够的耐心和接纳度，你无意识层面强大的处理能力将找到最契合的形容词，并将它们带到你的意识中。这是你的大脑从你的朋友一直在谈论的内容中提炼出来的。如果你有意识地想要去做这件事，反而会使整个过程变慢、变麻烦，让你不可能有效率地完成这项工作。相信你的大脑，它会从背景中筛选出重要的信息来。在一开始，你将非常在意是否会产生一些特别的想法，而这会使得你的效率降低。等你体验到了我所说的情况，你就会知道，耐心等待将会是多么轻松。

第四步：允许一些象征或隐喻出现在脑海里

当一些想法很难通过说明来表达的时候，隐喻是绝佳的语言手段。隐喻是为了达成更深层次的理解。在表述核心信息的时候，隐喻可以很好地代表你的朋友挣扎着想要传递出来的重要信息。试着找到一个与你意识中的想法相匹配的比喻。为了帮助你那充满创造性的大脑思考更多的可能性，你可以把隐喻分成多个小组。

容器隐喻是用物品或容量来表示情绪。举个例子，你可以说："愤怒在你心中升腾。"或说："你心中充满了希望。"这两个隐喻都让人产生一种容器包裹着情绪的感觉。你可以改变情绪在容器中的状态，比如使它沸腾："你的挫败感已经沸腾了。"又或是清空容器："你感觉力量被掏空。"

实体隐喻则会用一些机械或脆弱的物体来表达情绪："你感觉自己要散架了。""你内心的核电站已经处在泄露的边缘。"实体隐喻也可以这样表现："你感到自己被粉碎了。"

物质隐喻会用材料或材料的质量来表达情绪："你气得快要蒸发了。""你假装冷静，实际上内心的怒火正在熊熊燃烧。"

当用隐喻去表达的时候，核心信息的呈现效果会是最好的。不像情感标记，在你用核心信息命名情绪的时候，你需要提供一个确切的形象，来捕捉那些抽象又难以表达的情感体验。举个例子，你的朋友也许在表达他的压力，由此一个即将爆炸的蒸汽锅炉出现在你的脑海里，这就是你能想象到的隐喻。

第五步：利用这些象征和隐喻来构建核心信息

用隐喻作为指导，构建核心信息。有一种简单的方法是使用"你"开头的句子做描述。这会使整个过程简单而快速。

第六步：反馈核心信息

最后一步是用情感标记的方式，简单地去陈述你认为的核心信息是什么："你觉得自己就像一个即将爆炸的锅炉，你感到很沮丧，因为你觉得自己不被尊重。"

通常来讲，你的朋友会表达多个核心信息，而你可以切入任何一个核心信息。下面让我们来看看核心信息是怎么起作用的：

你的朋友:"你介意我和你讨论一个正在困扰我的问题吗?"

你:"一点也不,你说吧,我很乐意听。"

朋友深吸了一口气:"好吧,事情是这样,我的儿子罗比最近要从学校回来过暑假。他的归来使我们所有人都感到兴奋。他在大学主修哲学,在巴黎上学的时候给我们寄了好多邮件和照片。我觉得为了迎接他,我应该做一桌法式大餐。但我不是很会做法国菜。我想着去超市看看,找找做菜的灵感,反正我也是要去买一些红酒回来的。我不知道那边的停车场什么时候才能修好,在那么窄小的停车场进出真的很困难。罗比要回来过暑假,我不确定他会有什么样的感觉,毕竟他在国外都待了两年了。我们得让修理工来修修客人房里的淋浴,那玩意儿漏了,水洒得到处都是。反正最后我们肯定会处理它的。不过罗比会待在他以前的房间里,所以他可能根本不会去用那个备用浴室。"

你:"即将见到罗比让你兴奋得像要爆炸了一样。但你有一丝担忧,你不知道他离开家这么久了,会有什么变化。"

朋友:"是这样没错。"

这是常有的事。你的朋友简直无法清楚地表达她的兴奋和焦虑。她的问题一个接一个地冒出来,绕着圈子,然后突然瞬间切换。直觉告诉她,她感觉到了某种东西,但她并不能用足够的镇定来梳理这一切。而你提取的核心信息,刚好能够把她从纷繁复杂的想法中拯救出来,让她能够明白自己的感觉到底是什么。

如何让朋友恢复平静

友谊是一种强大的社会联系,我们在生活的各个阶段都离不开友谊。当我们和朋友一起经历生活,我们也在体验着各自身边所发生的喜悦和悲伤。有时,做一个有同理心的听众,是你对你们之间友谊的最好表达。不要试图去修复什么,也不要去提供意见,更不要去怜悯同情对方。我们只是试图在当下的情境里,帮助朋友去体验深层次的情感。这就是作为一个朋友真正需要去做的事情。下面的内容将给你带来一些全新的观念,你会知道如何和一个处于愤怒、悲痛、沮丧中的朋友相处,而这个方法会真正让你们的心连在一起。

如何倾听一个感到沮丧的朋友的话

针对感到沮丧的朋友,我们来举一个提取核心信息的例子:

你的朋友:"你介意我和你讲讲最近正在困扰我的事情吗?"

你:"一点也不,我很乐意听。"

朋友:"我们和我们十六岁的女儿萨曼莎之间产生了一些

问题。她总是生气，而且很不礼貌，我们甚至不能展开像样的对话。最开始，我的丈夫还没那么支持我，我感觉自己就像在一个人单打独斗。不过现在他更支持我了，所以我们打算一起和女儿聊聊，讨论一下她的态度问题。我问过她是不是遇到了什么事情，但她说没有。她有很多好朋友，也参与很多社交活动。我想和她聊聊，向她表达我的感受，但她总是推开我。我让她和我一起做事，但她总是拒绝我。和她相处真的很难，这让我感觉很失落。我觉得自己就像失去了一个亲人，仿佛我已经失去了我的女儿，我们曾经很亲密，我们一起做过许多事情，一起欢笑。我不知道该怎么办。我只想重拾我们的关系。我真的好爱好爱她。"

你："你感到筋疲力尽，她的态度使你感到空虚，你觉得非常寂寞，感觉自己不被爱着。"

朋友："是这样。谢谢你听我说这么多。"

接下来，试着写出在这段对话中可能蕴藏的几个核心信息。如果你没有时间写，就想想看你会提取哪个核心信息，然后大声地告诉你的朋友。就像情感标记一样，除非你找到了正确的核心信息，否则千万不要跳到问题解决的步骤。记住下面两个基础的公式：

1. **先使人冷静。**
2. **后解决问题。**

如果你缺乏练习，就可能会总是想要先提出建议，好能够解决问题。你这样的做法，实际上是在以牺牲你的朋友为代价缓解你自己的焦虑。如果你真的想要帮助你的朋友恢复冷静，你就必须练习倾听，提取核心信息，做情感标记，在这所有步骤的最后，才是着手解决问题。整个过程会在九十秒之内完成，所以我相信你一定能很快地掌握它。

如何去倾听一个极度难过的朋友的话

死亡是每个人都不愿提及却也无法避免的事情。尽管死亡是必然的，但当挚友或亲人因挚爱去世而悲痛时，我们仍旧像个"笨拙的傻瓜"一样不知所措。大多数人都会感到无助，不顾一切地想要去帮助痛不欲生的伙伴，但却不知道该如何下手。在情感这件事上，不会有谷歌地图来为你指点迷津，带你渡过难关。这里我会提供一些方案，让你可以帮助你悲伤的朋友。其中之一就是做一个真实的听众。倾听你朋友的情绪是帮助他们跨越痛苦的一大秘诀。

对于因失去亲人而处于巨大悲痛中的人来说，人类全部的复杂情感一下子蜂拥而至。他们感到失落、沮丧、悲伤、愤怒、空虚、困惑。他们需要去消化这巨大的痛苦，但却感觉这世界上仿佛没有一个人能理解他们。所以他们会把其他人推开，而不是去接受那些情感上的支持。记住，他们刚与死亡面对面地接触，甚至有可能还是第一次接触。虽然我们在理智层面上都知道世事无常，但我们还是会不由自主地逃避现实。当你最亲爱的人离你而去，身边所有的关系看起来都变得那么可怕。你突然意识到，在某个时刻，所有的人都可能离你而去。这是一个令人毛骨悚然的现实。我们的心理会通过拒绝他人，来保护自己，让我们不会再次因他人的逝去而感到痛苦。

临床治疗师开始认识到，死亡所带来的缺失感和创伤后应激障碍（Post-Traumatic Stress Disorder，PTSD）的症状是非常普遍的。好在痛苦的过程虽然猛烈，却终将慢慢消散。我个人关于失去亲人的经历，以及在工作中与失去亲人的家庭接触的经验表明，这个痛苦的过程大概会持续十八个月。然而，研究也表明，这个痛苦的过程是高度可变化的。无论这个过程持续多久，无论这个过程多么艰辛，要相信我们是有复原能力的人，大多数人都能走出痛苦，过上正常的生活。

为一个极度忧伤的朋友做情感标记，需要你拥有超高的技巧与足够的同理心。如果你过太严厉，对方可能会觉得你这个人麻木不仁，不够关心他们。如果你"下手太轻"，效果可能又不尽人意。找到一个平衡点是非常有挑战性的。只有巧妙、慎重地进行，你的情感标记才能真正深层次地安慰到你悲痛欲绝的伙伴。

你需要从一个特定的问题开始，而不是像平常一样问："你好吗？"

以下是一种你可以参考的方案：

你："最近几天过得怎么样？"
你的朋友："挺好的。我会活过来的。"
你："你真的感觉很累了。"
朋友："是的。承受这一切这真的很困难。"
你："你必须忍受很多悲伤。"

朋友:"是呀。"

你:"这种痛苦有时候会压倒一切。"

朋友:"是的。有些时候我什么也不能做,只能哭泣。"

你:"嗯,悲伤总是强烈的。"

朋友:"几个月来我一直在照顾我的母亲,我太累了。这是一场无法结束的噩梦。"

你:"为了照顾你妈妈,你付出了许多。"

朋友:"你不懂的。"

你:"没有人能理解你感受到了什么,这种感情实在太强烈了。"

朋友:"我现在只是很想她。"

你:"你感到孤独又悲伤。"

在这种类型的倾听中,你并不需要直接回应你朋友说的话。相反,你可以使用一些释义、核心信息、情感标记方面的技巧。你的朋友正在处理她的疲惫与悲痛,所以你需要帮助她把情感体验细化为可以控制的情感颗粒。只要你的朋友在提供信息,你就可以帮她梳理脉络,推动谈话的进行。

如果她开始重复自己说过的话,那么她可能产生了阻抗。当人们无法有意识地去处理一系列的情感,阻抗就可能会出现。她一遍遍地重复自己的话,是为了理解自己的感受。而你应该帮助她对情感做标记,即使你可能需要重复多次自己说过的话。记住你现在所做的,应该是帮助她提供她此时所不具备的认知能力。

把每次谈话的时间控制在一个比较短范围内。你伤心欲绝的朋友此刻筋疲力尽,对于他们来说,想一口气取得大的进展,会让他们感到极大的压力。频繁但短暂的会面,反而要比次数少而时间长的见面更受欢迎。

需要拒绝倾听的情境

当你的倾听水平越来越高,你或许会面临一种尴尬的局面,那就是你的朋友希望你能付出更多的时间来陪伴他们。因此你需要设定一个界限,这是非常重要的。你能够让一个人在九十秒内恢复平静,可这并不代表着你必须这样去做。你从来都没有去倾听另一个人心声的义务。在以下这几种情况下,你应该拒绝倾听,它们是:

- **你倾诉的需要比他人被倾听的需要更强烈。**
- **你此时此刻没有时间去倾听。**
- **你此时的心境并没有好到可以去倾听。**
- **你只是不想听。**
- **你感觉有负担。**

当你学会了如何倾听他人的情绪,学会了找寻核心信息,你眼中的世界可能会大有不同。永远不要怕对别人说不。一旦你允许自己说"不",你说"是"时的态度就会变得更加温和而得体。在你能够倾听的时候倾听,是你给予说话者最好的礼物。

如何面对辱骂

朋友和家人有时会对你生气。他们会不尊重你,当面侮辱你。如何利用你的倾听技巧来应对这些情况呢?

最大的挑战是控制自己的情绪。你会感到愤怒,但关键问题是你会如何表达你的怒气。通过许许多多的直接经验,我得以了解:忽视侮辱性的言语,倾听说话者的情绪,将会带来奇迹般的效果,更能够让人保持冷静与集中。用如实反映对方感受的方式来回应侮辱,这听起来或许很奇怪,不符合常识,但是只要你进行尝试,你就会发现这将是最快、最有效的预防争执的方法。它背后还隐藏着另一个好处:你可以屏蔽那些侮辱,因为你甚至都听不到他们说了些什么。

想想看,那个冲你大吼大叫的人既生气又沮丧。他们正在体验强烈的感情。他们的情绪直冲着你而来,不管是对还是错。你可以跟着一起狂躁,也可以选择让他人平静下来,并找到问题真正的原因。

让我们来看看那些具有侮辱性和挑衅的场景,并来设想下你

会做何回应:

你的朋友或家人:"你为什么不管好自己的事呢?我讨厌你瞎管我的事情。滚开!"
你:"你感到生气而沮丧,觉得我不尊重你。"
朋友或家人:"是啊!"

在这种情景下,触发愤怒的是人身攻击。此刻你的朋友正在体验愤怒与沮丧的感受,他甚至感到自己不被尊重。这也许是你造成的,也许不是。然而,用恶语相向来回敬你的朋友并不会让问题得到解决。你最好的策略就是认知并标记你朋友的情绪。只要你忽略你朋友的话,只关注他的情绪,你就能够保护自己,使自己不被愤怒冲昏头脑。

朋友:"我恨你。让我一个人待着,我不想和你讲话。"
你:"你真的很生气,你恨我,你感觉很沮丧,觉得自己被抛弃了。"
朋友:"没错!"

如果你把注意力集中在这些气话上,你肯定会感到很受伤。被自己的朋友拒绝会让你感到非常痛苦。然而,如果你只倾听潜藏在文字下面的情绪,你就能够找到机会让朋友冷静下来,更能够找到问题的根源。注意让你的反应更直接一点。他越侮辱你,你的情感标记就越直接。如果你的朋友继续责难，你就用这种方式陪着他度过。

当你的朋友发现已经没有什么可以继续攻击的事物了，他就会感到疲惫与平静，因为愤怒消耗了他大量的精力。这通常需要花费大约四十五秒，但这四十五秒感觉上就像四十五年那么长。你必须有忍受侮辱的勇气，不理会这些话会有多么伤人。保持关注你朋友的情绪，在那之后你可以处理你自己的感受。

朋友："你从来不听我的话，我知道你不在乎我。你只在乎你自己，你多重要啊。"

你："你觉得我不尊重你，忽略你，你感觉自己不被爱，不被欣赏。"

朋友："没错。"

涉及"你不在乎我"的侮辱通常意味着相反的含义。朋友和家人此刻正处在愤怒中，所以会说出自己被抛弃，自己不被爱着的话。而你要做的则是把这些感觉贴上标签，这样你的朋友就能处理它们。你应该知道否认对方的情感，辩解自己的行为的后果。如果你否定了你朋友的感情，你只会让事情变得更糟。

朋友："你到底在想些什么？那是你做过的最愚蠢、最愚蠢的事！我不敢相信你事先竟然没有跟我商量。你不知道这会对我们造成什么影响吗？你怎么会这么蠢？但我想我不应该感到惊讶，你总是耍这种愚蠢的杂技。"

你："你感觉很生气，很沮丧，很焦虑。你很害怕，你感到孤独，觉得自己被抛弃了。"

朋友："是啊！"

有时候，我们会犯下代价高昂的错误。在考虑道歉和提供正确的处理方法之前，你需要通过情感标记来使对方冷静。当人们对你的错误发火时，他们还没有准备好接受你的道歉。他们必须冷静下来，你的道歉才有意义。同样，解决问题的方法只有在情绪冷静下来时才能发挥作用。所以记住先做情感标记。

朋友："去死吧！我不再听你的废话了！"

你："你生气了，你觉得我没有在听你讲话。你感到自己完全不受尊重。"

朋友："没错！"

粗鲁的言语往往预示着愤怒，愤怒之后便是侮辱。有时候，这感觉就像背叛，但深层次内却可能隐藏着悲伤与痛苦。你需要自愿地陪在朋友身边，直到对方恢复冷静。

朋友："闭嘴吧你！我不想再听你说那狗屎一样的话了！"

你："你很生气，你觉得我一点儿也不尊重你。你感觉自己被背叛了，被忽视了。你觉得自己就像被抛弃了一般。"

朋友:"是啊!"

通常来说,朋友的辱骂中隐藏着悲伤、痛苦、孤独和被抛弃感。他们要么是害怕受伤,要么是缺乏自我意识,可你沮丧难过的朋友很难直白地表述出这些深层情绪。当你鼓起勇气,去为正在发生的一切做情感标记,其实就是在帮助他把这些基础的情绪具象化在意识层面里,这样你的朋友就能处理这些情绪,并把它们说出来。

朋友:"你骗了我。你这个混蛋!"
你:"你很生气,你觉得自己被背叛了,你感觉很孤独,觉得自己被抛弃了。"
朋友:"是啊!"

当你理解了这些令人难受的话语,你就会一次次地看到这些深层次的情感涌动。情绪的类型通常是有限的,只有少数基本情绪可以被表达。而一旦你学会了如何辨识情绪,那些让你头脑发胀的混乱感就消失了,你将会更深层次地了解你的朋友,了解他们的情感体验,你将获得更多的同情心。

朋友:"我不相信你。你撒谎,你这个骗子。我恨你!"
你:"你生气了,你觉得自己被背叛了。你感到孤独,感到被抛弃。"

朋友："是啊！"

　　任何一种会让你的朋友暴怒的情境，只会有三种可能的走向。第一种，紧张的状况平缓下来，然后你们能够解决问题，使得双方都满意。第二种，紧张的状况平缓下来，但你们的关系破裂，甚至无法挽回。第三种，情况没有缓和，尽管你付出了最大的努力。在这种情况下，唯一的办法就是暂时离开。也许你们的关系还可以弥补，也许不行。但是，在你的朋友情绪激动的时候，你是没办法做任何有积极意义的事情的。你只能寄希望于时间，希望它能够抚平一切，然后看看这是否能挽回你们之间的友谊。

本章小结

在本章节中，我们学到了：

- 获取核心信息的六个步骤：

    倾听并忽略文字表层的意思；

    保持沉默；

    等待词语或句子浮现在意识里；

    允许一些象征或隐喻出现在脑海里；

    利用这些象征和隐喻来构建核心信息；

    反馈核心信息。
- 如何倾听愤怒或悲伤的朋友。
- 需要拒绝倾听的情境。
- 如何倾听侮辱与不尊重。

第六章
增进亲密关系

最让我感到印象深刻的，是看到情感标记如何化解我们日常关系中的紧张。当我因感到不安，说一些令人不太愉快的事情的时候，我的丈夫不会做出冲动反应。他只会简单地说："亲爱的，你现在感觉不安全。"当他这样做的时候，我不知为什么，立刻就冷静下来了。我只是知道他能感受到我的情感体验，并把它如实反映给我，而不是在我的恶言中变得自卫起来。这是让我们的关系变得如此强大而美好的一个巨大的原因。

——阿列娅·道（Aleya Dao）

本章讲述的是亲密关系。在我看来，争吵与冲突预示着更深层次的情感体验。研究表明，人在婴儿期与学步期的情感唤醒，与成年后的亲密关系质量与满意度是直接挂钩的。

依恋理论家把婴儿期和学步期的孩子对母亲的依恋分类为：安全型、回避型和焦虑型。安全型的依恋意味着婴儿在情感上和身体上都感到安全。回避型的依恋发生在婴儿感受到母亲情感支持前后不一致时。在这种关系中，母亲有时是亲密而慈爱的，有时是遥远而不可接近的。为了应对这种不一致带来的压力，婴儿会成为依恋关系的逃避者。当婴儿在情感上完全被忽视时，就会产生焦虑型的依恋。婴儿的生理需要虽然可以被很好地满足，但她的情感需求却被忽略了，这使得婴儿形成一种焦虑型的依恋，因为世界对他们来说没有情感上的安全感。

到了成年期，我们在婴儿期的依恋模式将直接转化为我们对亲密关系的应对方式。就像在婴儿期一样，成人的依恋关系也分为三种：安全型、回避型和焦虑型。那些能够因情感亲密而感到舒适，并有能力去依赖他人的成年人（他们拥有更安全的依恋方式），拥有更高的自我价值感和更强大的社会自信，且更具表现力。他们倾向于认为他人是值得信赖的、是可靠的和利他的。他们觉得自己可以掌控自己的生活。这些幸运的家伙在情感生活中会比较顺利，他们不太可能用儿戏的方式处理感情，也不至于过度痴迷或太过理性。在情感中，他们更能以一种无私的状态来面对他人。

焦虑型的成年人对自我和他人都抱有消极的信念。在人际关系中的强烈焦虑使他们缺乏自我价值感和社交自信，并使他们觉得生活难以掌控。高焦虑感的成年人更容易产生强迫的、依赖的爱情风格。

有关异性恋的一夫一妻制关系的研究表明，在亲密关系中感到焦虑的女人，对被抛弃有着强烈的恐惧。女人对被抛弃的恐惧程度的高低，是男人如何看待这段关系的最强有力的预示。当伴侣处于高度焦虑状态时，男人对亲密关系的评价将变得更为消极。男人会对这段亲密关系产生不满，他们爆发了更多的冲突，感觉与伴侣之间产生了隔阂，且结婚的意愿也大大降低。面对他们那总是感到焦虑的伴侣，男人的信任度会降低，他们的忠诚度也会下降，觉得女人是不可理喻且不可靠的。最终，男人在亲密关系中的沟通水平会下降至平均水平，甚至更低。他们会减少对伴侣的自我披露。当女人的伴侣可以给予她安全感，并能保持一种比较亲近的亲密关系时，她们对关系的自我评估是非常积极的。女人会感觉彼此之间更为亲密，能够共同度过更多的休闲时间，并更少产生冲突。

这些结果并不应该令人感到惊讶。它告诉了我们，情感体验对亲密关系质量的提高有着多么重要的影响。我们总是倾向于关注自己的情感需求，却很少去注意我们的伴侣在感受什么。我相信，这就是导致亲密关系出现冲突、争执、甚至暴力的原因。如果我们能学会关注伴侣的情感体验，当他们产生了压力、焦虑、疲惫，想要发火时，我们能积极关注到他们的感受，那么那些破坏性的、令人不愉快的斗争将会被提前预防。在理想情况下，这个过程是双向的，你的伴侣也会积极关注你的情感体验，然而这一切在一开始可能并不会那么顺畅。下面让我们开始了解一下我们都能做些什么吧！

了解对方的情绪特点

在任何一种个人关系中,你都有应对情绪的方法。你一般会希望把它用在那些使你不舒服的情境之中,比如被挑战、被指责、被侮辱、被冤枉。通常情况下,你的第一层防御手段,应该是去忽略对方话语里的文字内容。

听到文字内容的那一瞬间,你就会陷入情绪爆发的危机中。但只要你当下只关注你伴侣的情感体验,你就能保持平静。你的大脑将不会有空闲去加工和解释那些文字内容。

当你了解了安全型、回避型、焦虑型三种依恋类型的基本体系后,你就会掌握一种基本的情感模式,这会让你的伴侣的行为变得非常容易预测。更重要的是,你能够快速而有同理心地处理那些充满愤怒与火药味儿的情境。在情感冲突中,通常情绪的层次是这样表现的:

· 愤怒;
· 挫折感;

- 不被尊重感；
- 不被倾听感；
- 焦虑；
- 恐惧；
- 悲伤；
- 被抛弃感。

你伴侣的表现通常会从生气开始，然后循环下降到焦虑的层面。恐惧、悲伤、被抛弃感经常会出现，但你的伴侣可能意识不到这些情绪。如果你发现了这些情绪，你可以提及它们，只要在合适的情况下，不伤害到你的伴侣就可以。

一开始，你可以一次只做一个情感标记，并且这种情感标记就像路边分发的传单一样，随时可以被抛弃。这是在测试，是想看看情感标记对你的伴侣是否有影响，这样你就可以降低自己的情感风险，避免失败。你可以先简短地完成这个过程，直到你开始对使用这项技巧产生自信为止。

让我们先来看几个日常中的争吵场景。在场景里，女人正在倾听她男朋友或丈夫的情绪。之后我们再来看看男人倾听女朋友或妻子情绪的例子。每个例子里的当事人都在经历着指责、攻击、驳斥，或面对着被动攻击的行为。请保持冷静，并想象自己就是情境里的人。

倾听男人的情绪

你的男友或丈夫："你能别再发那个垃圾短信，好好听我说一次话吗？"

你："你感觉很沮丧。"

男友/丈夫："没错，每次我们去吃晚饭，你都要掏出手机，然后给你朋友发消息。你惹火我了。"

你："你生气又沮丧，感觉自己不被尊重。"

男友/丈夫："我没做错，你就是个混蛋。"

你："你觉得自己不被爱，不被感激。你觉得自己被无视了，感觉自己没有价值。"

男友/丈夫："没错。"

这种情况下，你该做的不是竖起保护自我的刺来回击对方，而是需要付出努力，关注他的情感体验。在做情感标记的时候，注意不要添加任何东西，如实反映。换句话说，你没有添加任何表明因果的上下文，比如："我发短信让你感觉生气而沮丧"。不让你添加上下文是因为发短信可能并不是他生气沮丧的根本原因。你发短信的行为可能只是一个触发愤怒情绪的事件，而根源可能是前几天发生的另一件与发短信完全没关系的事情。记住，让你的情感标记变得简单，更简单，最简单。这做起来比看起来要难得多，等你练习的时候就会知道了。

男友/丈夫:"可恶!我就是想看一场破比赛。"

你:"你很沮丧。"

男友/丈夫:"是啊,我很沮丧,每次我想看球赛,你总能找到办法阻挠我。真烦,我受够了。"

你:"你感觉自己不被尊重。"

男友/丈夫:"呵,你有时候非要挤进来。"

你:"你感到有一点点焦虑和紧张。"

男友/丈夫:"我是感觉焦虑紧张,我不喜欢这种窒息感。"

你:"你不喜欢窒息感,并且你感到很悲伤,因为你觉得自己不是真的被爱着。"

男友/丈夫:"是啊,你怎么知道的?"

这里让我们做一个小的延伸,那些感到窒息的人通常是回避型的人。他们通常生活在情感淡漠或拒绝情感表达的家庭里,因而从来没学习过如何与他人相互依靠。但他们仍旧有天生的驱动力,渴望爱与被爱。他们陷入了一种连自己都无法意识到的两难境地。当你试图在情感上与他们更靠近,他们便开始感到恐慌。他们将这种感觉汇报为窒息,对应的情绪则是焦虑与恐惧。这所有一切之下隐藏的,其实是被抛弃感与不被爱的感觉。而这也是一个非常常见的模式,它导致了许许多多亲密关系中的争吵与冲突。你有能力去阻断这种循环,只要你通过情感标记的方式来确认他的情绪。如果你保证自己的描述简短而如实,你就更不可能被他回绝。

男友／丈夫："天呢，你又把车开没油了然后不管。我路上抛锚了，都没法去加油站。"

你："你很生气，很沮丧。"

男友／丈夫："我是生你这个混蛋的气。我根本没法指望你。"

你："你觉得我不尊重你。"

男友／丈夫："废话。我要是把车开没油了还不管，你能不生气？"

你："你觉得自己不受重视，你感觉很孤独，没有得到支持。"

男友／丈夫："就是这种混账感觉。"

你："你感觉不被爱，感觉被抛弃。"

男友／丈夫："没错，就是这样。"

汽车没油充其量只是让人恼火，但并不值得这么大动肝火。然而你的伴侣身上有一种回避型的依恋机制在运行。他不能信任任何人，不能依靠任何人，并且情绪化地将自己孤立起来。没油不是问题，问题是他感觉自己被抛弃，而这种感觉被当前的场景触发了。你最好的反应是不回击，因为那只是自我保护。这只会让他感觉更加孤立，并让他更倾向于用回避来应对。相反的，你应该像一个柔道大师那样借力打力，用情感标记的方式抵达问题的核心。

当他的情绪被认知并得到验证，他就会冷静下来。你表明了你其实是可依靠的，和他的父母是不一样的。久而久之，他可能就会转变。虽然没有保障，但这是让你们之间关系变得更健康、更快乐的唯一方法。

男友／丈夫："为什么你总是要提起莫妮卡？那是三年前的事情了，而且我们之间完全清白。为什么你就不能让这件事过去呢？"

你："你感到愤怒并且沮丧。"

男友／丈夫："是的，我是这样想的。我实在是厌倦了你的责备。"

你："你感到不被重视，感觉自己不被尊重。"

男友／丈夫："我当然会有这种感觉。你总是提莫妮卡来刺激我。我生气了。"

你："你感觉生气而伤心。"

男友／丈夫："是的，我只是想被爱。"

你："你感觉自己不被爱，感觉被抛弃。"

男友／丈夫："是的，我就是这种感觉。"

你可能是在无意识间触发了这一切。你可能也会感到孤单，感觉被孤立。通过触发他的愤怒，你的反应可能会导致一场斗争。这回，你来试试其他方法。通过追踪他的情绪，你可以验证他其实是被你的指责所伤。你让他平静了下来，给他创造了一小片情感上的净土，从而阻止了通常可能会发生的争执，这对你们二人来说，都将是一个巨大的转变。

男友／丈夫："你二十五分钟前就跟我说准备好了要出门，我放下手头的事等你。好了，现在你告诉我你还没洗澡。我们已经迟到多久了,你到底怎么回事?"

你:"你感觉沮丧,觉得自己不被尊重。"

男友/丈夫:"是的,你老是这么做。我尊重你的时间,为什么你不能尊重我的时间?"

你:"你感觉不被感激,感觉不受到支持。"

男友/丈夫:"我真的希望你能在说走的时候立马就走。"

你:"你感觉焦虑,你没有掌控感。"

男友/丈夫:"是的,我们说好的去餐馆见我们的朋友。"

你:"你感觉愧疚而难过。"

男友/丈夫:"没错。"

迟到可能是失礼而令人尴尬的。然而,背后隐藏的问题却不是关于这件事的。这关乎尊重与羞耻。当你迟到的时候,你的伴侣感觉一切都不受控制。同时他会感觉自己对你们二人的行为负有责任,并预感到了不能履行对朋友的承诺的羞耻。他可能会表现出焦虑型依恋的行为,在这种依恋类型中,控制、秩序、可预测是非常重要的。通过验证他的情绪,而不是冲动地吵回去,你将会帮助他获取剖析自己的机会。他会冷静下来,而你则能够合理地解决问题。

男友/丈夫:"我真的很烦你总是指责我和其他女孩子调情,这真的让我感到恼火。"

你:"你很沮丧。"

男友/丈夫:"是的,不管我做什么,看起来都没办法向你证明我的忠诚。"

你:"你觉得自己不被尊重,感觉缺乏支持。"

男友/丈夫:"是啊,你什么时候才能停止说这些嫉妒的废话?"

你:"你感觉不被尊重,感觉被羞辱。"

男友/丈夫:"我确实是这么想的。你总是说我不忠诚,这让我发疯。"

你:"你觉得自己不被爱,感到被抛弃。"

男友/丈夫:"没错。"

对你和你的伴侣来说,不恰当的嫉妒是很让人难受的。你可以让你自身的不安全感引发冲突与争吵,但你也可以选择确认他的情感体验。你当然也需要被理解,但此刻他才是那个愤怒不已的人。通过情感标记,让他冷静下来,然后你们两个再一起鉴别由嫉妒的指责所带来的痛苦。你或许会发现,在"你"开头的对话之下,倾听反映出的情境与之前讨论过的那些情况十分类似。所以你会看到,人类情绪的指令表其实可以被简化为几个简单的种类。你会发现你的伴侣常常会在几种情绪中循环,并且这种循环是可预测的。

现在你获得了解决问题的公式。你可以根据你最近一次争吵来写下你们当时的对话,就像上面的情景剧一样。在"你"开头的那些栏里,写下他正在体验的感情,就好像你在给他做情感标记一样,再写下他可能做出的回应。然后重复这个过程,直到你写下他所有的情感体验。这个练习会很有用,能帮助你更真实地做情感标记。

倾听女人的情绪

是时候翻页来讨论女人了。在下面展示的情境中，我列举了一些很普遍的情况，来展示男人在面对女友或妻子时可能遇到的问题。通常情况下，这些问题都是通过争吵与冷战来解决的。但是就像你看到的那样，通过情感标记，你是可以让这种情境的走向变得更加积极与和平的。

像第一组场景中展示的那样，你作为男人，说了一些话，并惹怒了你的女友或妻子。而你的任务，是下定决心接纳她，并在九十秒以内使她平静下来。解决问题的方法大致如下：

你的女友或妻子："我应该找个会干活的人，毕竟你连干活都不会。"

你："你感到愤怒而沮丧。"

女友/妻子："你从不露面，从不帮忙，整天躺在床上，而我却忙得四脚朝天。"

你："你感到不被尊重，自己的付出不被珍惜。"

女友/妻子："你就只会看那些愚蠢的体育比赛，要不然你就只会玩游戏。"

你："你觉得自己不被支持，感觉不被爱。"

女友/妻子："是的，如果你也像我一样不得不忍受这样的所作所为，那你也会这样。"

你："你感觉很孤独，感觉自己被抛弃。"

女友/妻子:"是的,我是这种感觉。"

方法还是和之前一样:忽略文字内容,反馈情感体验。这或许是一个好的机会,你可以审视一下你自己说话的语调。很显然,你需要很真诚地做情感标记,这样才能使你的女友或妻子冷静。如果你做情感标记是为了控制她,那么你的做法反而会起到适得其反的作用。你的语调在此情此景下一定要十分合适。如果她大声嚷嚷,你可能会想用一种比较大的音量回应,但记住不要太大声。如果你能保持让自己的音量小于她的,她就会开始冷静,并且开始转为自我反省。随着她声音逐渐变小,跟上她的节奏,并变得比她还要安静。本质上,你是在她的情绪强度达到顶峰时配合她,随着你的音量的降低,她情绪的强度也会降低。

女友/妻子:"如果你是个真男人,你就该出去做些什么,而不是在这里没完没了地为你的错误道歉。"
你:"你很生气。"
女友/妻子:"我已经厌倦了被你的错误包围。"
你:"你沮丧又生气。"
女友/妻子:"我只想你回学校去,要不就去找工作。我可不想余生都是这个死样子。"
你:"你不开心,你感觉很焦虑。"
女友/妻子:"我真的很失望。"
你:"你很失望。"

这是另一种典型的酝酿已久的挑衅。你可能会变得生气，想要保护自己，但你先应该做的是让对方平静下来，然后解决问题。关键不在于你是否懒惰，也不在于你是否是个没有动力的冷漠男人。即使她完全说错了，你甚至可能是一个很能干的人，也没有关系。真正的问题在于她的情感体验，以及你选择回应这种情感体验的方式。她的侮辱是伤人的，但回击只会让事情变得更糟。你最好忽略那些语句的内容，只去反映对方的感受。你们可以在她冷静下来之后再就事论事。此时此刻，在她被愤怒笼罩的情况下，你永远不可能说服她改变她的想法。

女友／妻子："我简直没法和你聊天，我太生气了。"

你："你很生气。"

女友／妻子："对。"

你："你很生气，并且非常沮丧。"

女友／妻子："对。"

有时候，简短地说好话是你唯一能做的事情。如果你的女朋友或妻子真的对你感到生气，逐步地做情感标记是你唯一的出路。但即使只是一小步，也是迈向和平的一大步。如果她在最初的冲动反应后，愿意打开心扉和你更多地聊聊，那么请保持这种状态。去猜测她隐藏在话语中的深层次的情绪。虽然她最开始出现的是强烈的愤怒，但背后总会寄宿着真正驱使她这样做的原因。你的工作，就是帮助她去找到这个原因，如果她愿意让你插手的话。

女友/妻子:"我很好。"

你:"你非常生气。"

女友/妻子:"我不是,我没有。"

你:"你气得要命,觉得自己不被尊重。"

女友/妻子:"你说得可真对。"

"我很好"是一种经典的回避表现,虽然嘴上说着好,但语调和肢体语言往往传递着相反的信息。她不好,但此刻她并不觉得分享是一件足够安全的事情。她否认了自己真实的感受,来避免与她的情绪,也避免与你产生冲突。如果你通过情感标记的方式,来告诉她说出真实感受并不可怕,那么她就更可能会敞开心扉,和你多聊聊。你肯定希望事情按照这种方向发展。如果你不是这样想的,那就别对她做情感标记。当你每次体验她的感受时,情感标记会为你们创造一小段时间的亲近感。你们都是易受伤害的,这可能会很可怕。没人说过通往和平的路是简单易行的。在这条路上,你需要受到来自自我的多重挑战,比如恐惧、自我怀疑、焦虑。

女友/妻子:"你觉得我穿这条裤子显胖吗?"

你:"此时此刻,你为自己的体重而感到焦虑。"

女友/妻子:"对呀。"

你:"你感觉不安全,觉得自己不被爱。"

女友/妻子:"嗯。"

你:"你害怕被抛弃,害怕孤独一人。"

女友/妻子:"是的。"

你:"所以此时此刻,你觉得没人爱着你。"

女友/妻子:"嗯。"

像往常一样,如果她问你"我穿这条裤子是不是很显胖",那么你其实明白自己面临着一种说什么都不讨好的窘境——不论怎么回答都不正确。如果你回答是,那你可能是喝醉了。但如果你说不是,她不会相信你,并且还会觉得你撒谎糊弄她。应对这种情况的策略是,去找到驱使她这样做的原因。这和她的外形怎样毫无关系,而是因为此时此刻她感到不安全。她的不安全感可能会通过一种又一种方式来展现,你可以通过情感标记的方法来帮她找到根本原因,从而帮助她面对自己真正的感受。

这些情境向你展示了如果你愿意去忽略文字内容并关注对方的情绪,让对方平静下来是多么容易。你们不需要争执,不需要吵架,不需要启动防御机制,也不需要做那些会破坏你们关系的事情。你可能会一次次遭到拒绝,这都是正常的。你要做的只是从头再来,十分钟后,再试一遍。

约会时的说话方式

情感标记能帮助你很快地和交谈对象建立起一种分享所带来的亲密感。在约会初期,甚至在你们还没有确定关系的时候,利用情感标记将会为你带来强力的效果。你的约会体验会给你非常积极的回馈,因为你的倾听方式可能会是约会对象从未体验过的。

我在南卫理公会大学（Southern Methodist University）教授情感标记技巧的时候，为同学们布置了一个任务，要求他们去给星巴克里的陌生人做情感标记。第二天早上，我让他们讲讲自己的经历，我的一个学生，她是一个年轻的姑娘，举手想要发言。

"那么发生了什么？"我问道。

"今早我去了星巴克，当时我在一个非常长的队伍里排队，我后面的一个伙计把一堆纸掉在了地上，于是我就弯下腰帮他捡纸。当我把捡起来的纸递给他，我对他说：'你很尴尬。'他点点头说：'是的。'然后他就开始搭讪我了！"

我们都笑了。她刚刚学到了，即使只是一点点情感标记技巧，也能让你变得很迷人。这个故事的寓意是，不要不分情况地运用情感标记，你或许会喜欢情感标记为你带来的注意，或许不会。

倾听，然后和你的伴侣一起解决问题

婚姻或那些长期保持忠诚的关系，将会遵循一种典型的个人生活轨迹，但也会面临新的曲折。现在对你们来说，任务是生活在一起。这意味两个人的经济、社交、工作、家庭将会交织在一起。生育孩子并抚养他长大成人变得重要起来。但赚钱与事业又非常消耗时间。当我们试图在这些新的任务中寻找平衡的时候，我们就会产生压力。随着责任的不断增加，发生冲突、争吵、斗争的可能性就会越来越大。每天我们都感到紧张，觉得自己失去

了自由与对自我的控制。

这些令人难过的事实只是在说明：在我们忙碌的生活中，情感需求可能无法被全部满足。而我们伴侣的情感需求也同样常常被忽略。这让我们在亲密关系中感到孤独、悲伤。我们隐约地感觉到心在作痛，但却从来没有向谁表达过。因为我们似乎忙得没时间去软弱，而我们情感上的信任也渐渐枯竭了。

很多夫妻通过把注意力转移到孩子身上，来应对这个问题。孩子会回报你的爱，这感觉让人陶醉，并且可以掩盖夫妻正在试图应对的情感荒漠。但当孩子们不再表达爱意，有了自己也需要处理的情感体验时，父母可能会感受到深深的拒绝与伤害，而这会使他们严厉地批评孩子。这样，孩子就学到了不能主动去认识自己的情感，于是恶性循环就开始了。如果父母永远学不会情感能力方面的技能，那他们就可能用他们父母、祖父母处理问题的方式解决问题，并在不知不觉中把这种方法潜移默化地教给孩子。

如果生活是这样的，那么冲突将无可避免，争吵和斗争将成为生活中的主旋律，伤害、愤怒、不满将会肆意生长。当然，所有这一切都会为在现代挣扎着生活的人们带来压力，毕竟生活不是电视剧，爱人们不会总是幸福快乐地在一起。

但实际上，我们能够改变这一切。

认真倾听，并运用下面展示给大家的倾听和问题解决的技巧，将会帮你打破这可怕的恶性循环。

作为这个方法十分有效的佐证，让我讲讲我的亲身经历。我与我的妻子阿列娅·道幸福地结婚了，而和每个人都可能遇到的那样，我们一次次地发生冲突，积累了非常多的压力。但我们选择在那些时刻关注彼此的情感体验，并为对方做情感标记。相信我，这效果真的太神奇了。

下面就是具体的操作步骤：

- **忽略话语中的文字内容。**
- **猜测文字下隐藏的真正情绪。**
- **反馈情绪给说话的对象，记得要用一种简单明确的描述方法。**
- **用"你"开头的句子陈述，而不是以"我"开头。**
- **别问问题。**
- **九十秒后停下来，或者当你看到对方做出了放松的反应，不论那是什么反应，也停下来。**

你的伴侣可能从未被这样倾听过，所以你的技巧会帮助对方减少原来所拥有的基本的反应模式。理论上讲，在你第一次尝试做情感标记的时候，你的伴侣甚至无法意识到你在这样做。如果你的伴侣察觉到了，那你可能会遭到拒绝。通常拒绝的经典反应是这样的："你在做什么？别对我做这些事情！"

放弃的想法可能会诱惑着你，但不要屈服。情感标记的过程是需要练习的，而练习需要时间。失败是不可避免的，但失败也是通往精通的唯一途径。只要你不放弃，我就允许你去失败，即使你可能摔个大马趴。原谅自己犯下的错误，给自己鼓气然后振作起来，你就会学到帮助他人的方法。

在你建立自信心的时候，为了控制可能发生的风险，请遵守

以下改良后的准则:

1. 第一次情感标记一定不要在情绪激动的时候完成。
2. 让你的反馈只限定在一种情绪上:"你很生气。"
3. 你的语音语调要很平常,就像在聊天一样。如果可以,去确认你的语调不是傲慢而不尊重人的。
4. 观察配偶的反应。如果他们的反应很好,就再试试。如果反应不好,先退回来,过一会儿再试。

这里有个实用的小技巧,你可以在一种积极的情境下来做情感标记。下面是一小段情景剧,它向你展现了这个过程是如何展开的。

你的伴侣:"触地得分[①]!快看!你看到了吗?那简直太神奇了!"

你:"真的很不可思议,你真的很兴奋。"

伴侣:"啊?对呀,我感觉热血沸腾,太棒了!"

你找到了一个低风险的场景,这时候你的伴侣很兴奋,在你们谈论触地得分的时候,你快速地做了反应。你的伴侣可能会有一丝疑惑,因为你从来没这样说过话。但是,因为这个瞬间如此短暂,你的伴侣会重新投入到球赛中。这是一个非常有意义的开

---

① 触地得分:橄榄球比赛中重要的得分方式。

端。之后在这场比赛中,甚至当天一整天,都不要再去尝试做情感标记了。顺其自然,你做得足够好了。但我们假设如果你的伴侣意识到了你的异常,你应该如何优雅地回应可能会产生阻抗的他呢?下面这个例子可能会给你一些启发:

你的伴侣:"触地得分!快看!你看到了吗?那简直太神奇了!"

你:"真的不可思议,你真的很兴奋。"

伴侣:"啥?你怎么知道我是什么感受的?你现在又在学什么心理疗法?"

你:"我不想扫你的兴,也不想冒犯你。我只是觉得你看球看得很兴奋,然后发表了一下评论。"

伴侣:"哈!行吧,我不喜欢你把那些胡扯的理论用在我身上。"

你:"嗯,抱歉让你不开心了。"

通常来说,如果你道了歉,并选择了退后,这件事就会被忘记。但如果你的伴侣想就这件事发生争执,你可以简单地告诉对方你只是想要更多地倾听他的话。

你的伴侣:"触地得分!快看!你看到了吗?那简直太神奇了!"

你:"真的不可思议,你真的很兴奋。"

伴侣:"啥?你怎么知道我是什么感受的?你现在又在学什

么心理疗法？"

你："我不想扫你的兴，也不想冒犯你。我只是觉得你看球看得很兴奋，然后发表了一下评论。"

伴侣："哈！行吧，我不喜欢你把那些胡扯的理论用在我身上。"

你："嗯，抱歉让你不开心了。"

伴侣："哼，每次你这样做的时候我都觉得要发疯。"

你："唔，我只是想用一种更真诚的方式更多地去倾听你的内心，我希望你能感觉到被我倾听，被我理解。"

伴侣："嗯。"

这给了你什么启发？记住，大多数人，包括你的伴侣在内，在情感上都是无能的。二十世纪初的一名哲学家托斯丹·凡勃仑（Thorstein Veblen）提出了"训练性无能（trained incapacity）"的概念。而这就是我们要做的：让一个情感无能的人学会深度倾听。导致情感无能的原因可能是父母的教育、同辈的回应或是我们的文化氛围：情绪是不好的，理性是正确的，理性战胜情绪是值得敬佩的。

情感无能带来的结果是，你的伴侣会体验到焦虑。在无意识层面，大脑经历着一种全新而难以识别的社会暗示，那就是你的情感标记。因为你的伴侣的大脑（你的大脑和我的大脑也是一样的）不能识别物理威胁和社会威胁，所以新的刺激就会被打上危险的标签，即使是最好的情况，这种行为也是令人可疑的。这种判断在你伴侣的意识层面瞬间形成，带来的直接结果就是下意识的自我保护行为。

但你的伴侣阻抗并不意味着你失败了,恰恰相反,这说明你做得很好,因为你确实用一种新方法触碰到了你伴侣的情感层面。你的伴侣还没足够充分的准备好来面对你们关系中即将发生的一切。此时你的策略应该是撤回来,然后过一阵再尝试。下一次,看看你能不能在不触发对方预警的同时做情感标记。你要做的只是更巧妙地开始你们的话题。一定会起作用的,时间会证明一切。

下面让我们来看看情感标记完美作用的情况。

你的伴侣:"触地得分!快看!你看到了吗?"

你:"真不可思议,你真的很兴奋。"

伴侣:"是啊,我太激动了,你看到那个传球了吗?简直令人难以置信。你看到他们是在什么情况下接到那个球的吗?"

你:"你很惊讶,很开心,对此感到印象深刻。"

伴侣:"是的,你知道吗,这是你第一次表现出对橄榄球的兴趣。通常你只是在强迫自己看球赛。"

你:"你感到惊讶又开心。"

伴侣:"是的,我觉得你真的理解到我的兴奋点了。谢谢你。"

上面对话中的情境很普通,你的伴侣说:"你知道吗,这是你第一次表现出对橄榄球的兴趣。"你的伴侣并没有意识到你正在对他做情感标记。相反,他把这理解为你对橄榄球的兴趣。这种情况常见于人们不能清楚表达自己的情绪的时候。比起纠结如何表达情绪，无意识地选择去注意那些更容易捕捉的事情，比如橄榄球，然后围绕这一点来创造意义。认知心理学家把这称为替代效应。当你见过一次之后，你就会发现生活中这样的事情非常常见。让我们再看看其他常见的场景。下面这个例子你可能似曾相识。

伴侣："今天的工作真是糟透了。"

你："你很沮丧。"

伴侣："嗯，销售部的那些个家伙总是和客户承诺些做不到的事情，然后把烂摊子推到我们身上。"

你："你感觉他们不尊重你，感觉自己不被赏识。"

伴侣："是啊，而且他们总是在最后一刻才来求援，害我们的工作进度总被耽误。"

你："你很生气，也很焦虑，因为你不能调和你的工作进度。"

伴侣："是啊，我们的奖金和生产是挂钩的，每次这些人耽误我们功夫的时候，我们的压力真的很大。这感觉就像替别人做嫁衣，我们牺牲了自己的时间，让别人拿奖金。"

你："你觉得这种现状是不公平的。"

伴侣："太不公平了。谢谢你听我唠叨。我本不想让你有负担的。"

这是情感标记的一种经典应用，可能还利用了一些核心信息法来帮助你的伴侣处理糟糕的一天所带来的情绪。当你碰触到核心的情绪，你会发现对方出现了一些放松的反应。我觉得这是一个讲讲同情与共情之间区别的好机会。当你在做情感标记的时候，你是共情的，你能够体会说话者的情绪，与他共享同样的情感体验。而当你只是倾听并给予合适的回应，那么这时的你就只是有同情心的。下面让我们在同一段对话里，以同情来替代共情看看。

伴侣："今天的工作真是糟透了。"

你："嗯嗯，我很抱歉你今天感到不开心。"

伴侣："销售部的那些个家伙总是和客户承诺些做不到的事情，然后把烂摊子推到我们身上。"

你："嗯嗯，我懂你说的。"

伴侣："而且他们总是在最后一刻才来求援，害我们的工作进度总被耽误。"

你："他们总是突然袭击。"

伴侣："是啊，我们的奖金和生产是挂钩的，每次这些傻大个耽误我们功夫的时候，我们的压力真的很大。这感觉就像替别人做嫁衣，我们牺牲了自己的时间，让别人拿奖金。"

你："哇哦。"

伴侣："算了，没办法。我需要喝一杯。"

同情的反馈是没有错的，但是，如果你真的想要让一个人冷静下来，从情绪的不安中恢复平静，那么你必须是共情的。而只有一种方法能保证你做到这一点，那就是情感标记。

如何减少伴侣间的争吵

减少与伴侣之间的争论与冲突,是一项非常严峻的考验。让我们把成功的标准定得低一些。如果你十次中能有一次使冲突免于爆发,那你已经做得非常棒了。在学习新东西的时候,我们往往对自己期待过高。在这种情况下,你需要满足于自己的不断进步。不过我相信你一定能做得更好。

在下面这个情境里,你的伴侣会试图通过侮辱的方式挑起冲突。

伴侣:"你总是这样做,你总这样。"

你:"你很沮丧,很生气。"

伴侣:"你为什么老这样对我?"

你:"你感觉不被尊重。"

伴侣:"哪怕你人生中就这么一次,听我说可以吗?"

你:"你感觉不被倾听。你真的很焦虑,很害怕。"

伴侣:"你从不听我说的话。"

你:"你很伤心,感觉自己被无视了。你感觉不被倾听,这让你很孤独,感觉自己不被爱。"

伴侣:"是的。"

减少争吵的秘诀是去识别出现在你们之间的障碍。它的特点是你的伴侣开始一遍又一遍地重复同一件事情。在这个例子里,障碍情境是围绕着倾听展开的。对于你第一次情感标记的尝试,你的伴侣没有留下印象,相反的,旧的行为模式开始产生作用。你的伴侣不希望被倾听,所以在"哪怕就这么一次,听我说可以吗"之后,跟上的却是"你从不听我讲话"。

当你发现障碍的时候,意味着你的伴侣正在体验着一种他无法表述的深层情感体验。通常来讲,你的伴侣没有足够精细的情感粒度来表达他自己。他们的回应是在指责你的不倾听,却期望着你能去弄明白他们的情绪,并帮他们清楚地梳理。通过情感标记,你所做的正是这样符合他们期盼的行为。在这种情况下,通过猜测对方的感情是悲伤的、被忽视的、不被爱的,你能够慢慢找到感情的根源。这样争论就会停止。

有的时候,金钱会引发争吵。下面这个常见的情境将教会你如何去处理这一类型的问题:

伴侣:"你今天在哪里吃的午饭?"

你:"在一个意大利餐馆。"

伴侣:"都吃了啥?"

你:"鸡肉凯撒沙拉。"

伴侣："花了多少钱？"

你："十三美元。"

伴侣："十三美元！就一碗沙拉？我们可吃不起这么贵的东西！"

这里可以把沙拉和十三美元替换成其他任意东西。通常来说，面对这种类型的争执，你会选择保护自己的自主权，并拒绝承认对方对你浪费家庭财产的暗示。而这种暗示更深层的含义是你不爱你的伴侣，这是使争执白热化的原因。

试试下面这种方法，看看会有什么改变。

伴侣："你今天在哪里吃的午饭？"

你："在一个意大利餐馆。"

伴侣："都吃了啥？"

你："鸡肉凯撒沙拉。"

伴侣："花了多少钱？"

你："十三美元。"

伴侣："十三美元！就一碗沙拉。我们可吃不起这么贵的东西！"

你："你生气了。"

伴侣："是的，我很生气。我们挣的钱可没法这么挥霍。"

你："你很焦虑，很沮丧。"

伴侣："是的，我们还有房租要交，日常还有其他开支。而你出去闲逛，然后花十三美元买了碗时髦的意大利沙拉。"

你:"你感到难过,觉得自己被抛弃。你感觉不到支持。"

伴侣:"是啊。"

你可能会惊讶地发现,多数类似的争执本质上都不是因为钱。钱成了一类事物的象征,比如爱、感恩、支持,或是安全感。而批评乱花钱的行为则替代性地表达了"我为我们的生活情况而担忧""我没有安全感""我觉得你不爱我"。如果你能透过表面上说金钱的那些句子,直接去关注背后隐藏的真正的情绪,你就可以碰触到你的伴侣真正的感受,并帮他确认自己的情感体验。接下来你们就可以着手解决问题了,假如钱真的是个问题的话。

下面这个情境很棘手,是关于如何开始组建一个家庭的争论。而这也是一种引发争执的根源。

你:"你必须控制你的愤怒。"

你的伴侣讽刺地说:"哦,我必须控制我的愤怒,因为我才是问题所在。"

你:"我们必须认清这样一个事实:即使是很小的争吵,也可能会引发巨大的争斗。"

伴侣:"这是因为你没办法为组建家庭做出承诺。你不能做出承诺!"

通常在这种情境下,对话总会很快升级为对彼此的怒吼。举个例子,如果你是丈夫,被妻子无情地攻击,此刻她无比沮丧难过，因为她对孩子的渴望被你阻挠了。和一个情绪不稳定的妻子养育孩子让你感觉无比可怕。那不妨试试下面的方法，也许会奏效。

你："你必须控制下你的怒火。"

妻子讽刺地说："哦，我必须控制我的怒火，因为我才是问题所在。"

你："我们必须认清这样一个事实：即使是很小的争吵，也可能会引发巨大的争斗。"

妻子提高声调，愤怒地说："这是因为你没办法为组建家庭做出承诺。你不能做出承诺。"

你："你生气而沮丧。"

妻子："没错，气得要命，没法更沮丧了。"

你："你感觉被忽视，觉得不被尊重。"

妻子："是啊！"

你："你焦虑又困惑，不知道该怎么办。"

妻子："是的！"

你："你孤独又难过。你感觉自己被抛弃了，感觉自己没有被爱着。"

妻子开始哭泣："是的！"

至少这种情况下，你们的争执没有继续升级，愤怒的情绪慢慢消退了。问题很严重，你们可能会需要婚姻家庭顾问的帮助。但通过情感标记，你已经在停止无止境争吵的路上迈出了第一步。

如何让自己被倾听

到现在为止,如果你已经开始练习我们讲过的方法,你可能会遇到一个新问题,那就是如何让自己被倾听。使愤怒的人们恢复平静是一件非常厉害的事情,但如果此刻是我们需要被倾听,又应该怎么去做呢?

这里并没有什么简单的答案。当你知道了什么是真正的深度同理心倾听,你便不会满足于之前所使用的那些老办法。我有个方案,你可以找一个值得信任的伙伴,然后再买一本书送给他,这样你们就可以一起研究每一个章节。她可以在你身上练习,提高她的倾听技能,而你则可以被他人倾听。

如果你有一个足够开放且愿意学习的伴侣,你也可以和他或她做相同的尝试。但你们之间的关系可能太过亲密,也可能不够亲密,使得整个过程变得很具有挑战性。练习中会产生大量的情绪可能让你感到恐惧。但只要你们两个人都有勇气去面对自己的心魔,练习就会带来非常多好处。如果你能够对你的孩子做情感标记,你将会发现,不久后他们也会自然而然地自己做起情感标记。当他们对你做情感标记的时候,请不要惊讶。温柔地接受他们馈赠给你的这份礼物吧。

另一种方法是用我们第四章讲过的和平圈。因为你在圈中必须要发言,所以这是一种安全而低风险的情境,在这种情境下,你也可以学着如何去倾听他人的情绪。

关系破裂后，如何正确对话

我呆住了。那对夫妻冲着彼此尖叫，作为调解人，我感到非常无助，我没法阻止他们的争吵。我的第一印象是，他们争执的都是些鸡毛蒜皮的琐事。二十年前，这对夫妻结了婚，他们曾在和孩子一起出门的时候发生过一起车祸。和解前需要先决定孩子的信托，只要法院没宣判，18 000美元的保险赔偿就没法被支配。

离婚后，前夫没能给前妻支付赡养费，前妻过得很苦。她曾和孩子讨论过信托里的钱。孩子对她说："妈妈，别担心，只要你需要用钱，你就随便用。"所以，她就这样照做了。

前夫发现了这件事，非常愤怒。他将自己的前妻告上法庭，罪名是违反信托义务与藐视法庭。当他们找到我的时候，他们已经为了18 000美元的保险赔偿花费了超过50 000美元的律师费。

当我坐在那里，听他们大声地彼此侮辱，突然间，我的脑海里蹦出了一个绝妙的主意。

"停！"我命令道。他们都看向了我们。幸运的是，他们不再大喊大叫。"让我们来尝试些不一样的方法吧。维维，我希望你能先听迈克尔讲话，但忽略他说话的内容，你能做到吗？"

"你是什么意思？忽略他说的内容？"她问道。

"我希望你能忽略他话语的内容，然后告诉我在他讲他的故事时，他的感受是什么。你能做到吗？"

"我不知道。"她回答。

"你愿意试试吗？"我问道。

"我想应该吧。"她谨慎地回答道。

"很好。那让我们来试试看。"我说，"迈克尔，现在试试重新讲你的故事吧。"

迈克尔开始讲他的故事，差不多五秒后，维维开始尖叫："你这个说谎的混蛋！你在撒谎！"

"停！"我大声喊道，"维维，看看你是否能忽略他的话，只关注他的感受。你觉得他现在感觉怎么样？"

"我不知道。"她说。

"好吧。让我们再试一次。"我说，"迈克尔，请你再说一遍。"

迈克尔又开始讲他的故事，这次在维维爆发之前，我让迈克尔停下，并转向维维。

"维维，你觉得迈克尔现在感觉怎么样？"我问。

维维停顿了一下："好吧，他真的很生气。"

"很棒。让我们把这告诉迈克尔。"我说。

维维看着迈克尔说道："你真的很生气。"

"完美。"我夸赞道。

"没错，我生气了。我真的很生气、很沮丧。你所做的一切都不尊重我和孩子，你只做你想做的事。"迈克尔喊道。

我看到维维开始生气了:"维维,别理会他的话。他感觉怎么样?"

"啊,他感到沮丧,感觉不被尊重。"维维说。

"漂亮。"我说,"继续。"

迈克尔接着讲,我让他每次说一两句话,在他开始激动并聊到不被尊重的话题的时候,就让他多说几句。然后我会让他停下来,再让维维来反映刚才迈克尔表达出的感受。我们这样讲了十分钟,直到迈克尔讲完他的故事。

等迈克尔讲完了,我问维维:"感觉怎么样?"

"我感觉能掌控整个局势。只要我开始关注他的情绪,忽略他的言语,我就一点也不生气了。"

我看向迈克尔,现在,他正把脸埋在双手中安静地啜泣。这真的很令人惊讶。

"迈克尔,你还好吗?"我问道。

迈克尔让自己镇静下来,抬起头来看向维维。他说:"这是这二十五年来,你第一次听我说话。"维维目瞪口呆,我也是。

接着我让维维讲她的故事。我让迈克尔像刚才的维维一样,忽略维维的话,只关注情绪。一开始,迈克尔和维维犯下了同样的错误,他们都想就听到的事情进行辩解。但就像维维一样,他很快地学会了忽略言语,并只关注情绪。

故事讲完了,迈克尔说:"现在看来这整件事都很荒唐,我很抱歉提起了诉讼。你没有征求我的意见让我非常伤心。让我们就这样作罢吧。"

就这样,一场对二人来说极其艰苦并昂贵的诉讼结束了。一切都恢复了平静。

刚才发生了什么？

我也没有头绪，但是我很开心地看到这些善良的人们能摆脱他们的困境，而我能够有力量去帮助他们。我已经差不多忘记了我对这对情侣做了些什么。那时候，我还没有意识到自己已经偶然间发现了情感标记的技巧。直到我了解到2007年马修·利伯曼关于大脑扫描的研究，我才意识到维维和迈克尔之间所发生的这一切的重要性。

正如我在第一章中提到的，利伯曼和他的同事的研究，是本书背后的主要支持。我发现，情感标记减少了大脑中情感中心的活动（减弱了杏仁核和其他边缘区域的反应）并增强了大脑执行功能中心（外侧前额叶皮质）的活跃程度。当情感标记使得执行功能增强，情绪反应就会减少。简而言之，情感标记帮助自己通过一种神经上的通路来缓和情绪。经验表明情感标记并不是什么神秘莫测的东西，它是一种基于科学的真正的技术。正是这个时候，我开始完善我的想法，归纳总结技巧，测试它们，并在我做调解、研讨会、学术课程的过程当中发展它们。

共同抚养孩子

你或许可以和你的伴侣一了百了，但你永远是孩子的父母。与前夫或前妻共同抚养一个孩子，可能是人生中最困难的一种挑战。当需要做和孩子有关的抉择时，离婚的双亲总会想要找到一个中间立场。如果你和你的前任不能找到一个可以协商、妥协、展开合作的中间地带，那么你们和孩子都会受到莫大的伤害。如果你们之间的冲突是条件反射性的,你们会无意识地拒绝另一方的任何要求,那么孩子和你们都会受伤。

痛苦会剥夺人们作为双亲共同抚养孩子的能力,这种痛苦有两种水平。经历着第一种水平的痛苦的父母真诚地认同孩子需要自己的双亲保持健康良好的关系。但这些父母的问题在于,他们根本没法控制自己感受到的沮丧、痛苦与伤害。当他们痛苦的感觉被触发,就会对彼此进行抨击。等他们能重新控制自己,又常常会被内疚所困扰,因自己做过的不好的行为而退缩。他们的想法是好的,但他们又常会失去控制,因为情感实在太过强烈,以至于压垮了他们。

如果父母双方都处于这一状态,共同养育孩子就会变得非常困难。然而如果其中一方能够学习情感标记并解决问题,另一方就能够做出回应。这样做需要花费大量勇气和耐心,去克服那些情感上的失调、愤怒与不信任。然而随着时间的推移,这种共同抚养的关系将会获得改善。

第二种水平则更为痛苦。离异的双方如果处在这一水平,将会感到强烈的愤怒与被抛弃感、被背叛感。这种强烈的负面情感是无法治愈的,更可怕的是,他们还会因为这种无法躲避的共同抚养的关系而加剧恶化。即使只是看到彼此或是搭一两句话,就会触发彼此之间的厌恶情绪。他们被困在了无法逃脱的愤怒的漩涡中。如果这种感情是相互的,那么每一次争吵都会以抚养权与探视权的争夺作为结束。父母会一门心思地想要破坏孩子与另一方之间的关系。然而有时他们的信念会变得荒谬且不可理喻。没有任何人能让他们相信自己其实是错误的,尤其是法庭。任何试图指出他们错误的人,对他们而言都是敌人。

于是这场战斗变成了"我们与他们"之间的斗争。父母双方都有一种无法抑制的愤怒,因为他们都认为自己被对方所伤害。他们为保护孩子所做的任何事都是正当的。他们渴望报复,并试图通过法院的命令来惩罚对方,他们希望这些命令可以干扰或阻止另一方来看孩子。法院的权威并不令他们害怕。他们常常标榜着更高尚的理由,不惜一切代价来"保护"孩子。在共同抚养的关系中,这种类型的父母是非常难相处的。然而,对于一些正在发生的事情,有些策略可能会有所帮助。下面让我们从受害者的六个需求开始讲述。

如何安抚关系中的受害者

作为一个调解人,我看着被害人的戏码循环反复上演。在许多冲突中,双方都觉得自己才是受害者。他们被困住了,并允许自己被另一方耗尽心力。许多年前,我参加了我的朋友兼同事艾莉卡·爱瑞儿·福克斯(Erica Ariel Fox)的讲座。她谈到了受害者的六个需求。这些需求是:

· 复仇。
· 澄清。
· 认同。
· 被倾听。
· 创造意义。
· 安全感。

复仇

复仇的需求是强烈的,因为它是根基于大脑的奖赏中心运作的。复仇与许多其他情感不同,它是有预期的。当我们想象自己在惩罚那些使我们痛苦的人时,我们会分泌多巴胺来犒赏自己。多巴胺是与快乐、学习相关的神经传导物质。多巴胺也是为什么可卡因和海洛因会如此使人上瘾的原因。因为这些毒品复制了多巴胺的效果,让人感到快乐。

如果我们期望对敌人进行正义的裁决,我们便会想要去采取行动。但问题是,如果我们能准确地复仇,多巴胺就不会释放。痛击他人只会让我们获得相当有限的精神奖励,这使得我们感到低落、愤怒、不满。我们坚信,如果能纠正发生在我们身上的不公平,将会带来极度美好的体验。但实际上当对方获得了应得的惩罚时,我们却并没有什么特别的感觉。即使正义被伸张,我们的感受也和没有伸张正义时一样。在我的律师生涯中,我看着这种结果一遍遍上演。我代表我的客户达成了法律上的胜利,然而在庭审中获胜后,他们却仍然对结果保持失望与愤怒。胜利并没有给予他们所期望的释放。这也是我离开法庭,变成一个调解人的重要原因。

复仇驱动着情绪化的行为。在复仇的欲望的影响下,人们的决策往往是有问题的。他们对现实的感知被扭曲。保持平静被视作是一种软弱的行为。协商被看作是一种投降。对于每一个受害者来说,复仇是最首要的需求。

澄清

澄清是对正确性的需求。受害者们总感觉自己被冤枉了,所以他们有着强烈的澄清需求。这种需求会驱使他们进行诉讼。他们唯一的目的就是证明自己是正确的,而其他人是错误的。

认同
认同是作为一个人对尊重的需求。受害者们通常经历了绝望、痛苦与被抛弃感。他们对认同的需求,是为了克服消极的情绪,让他们的自我感受能变得好一些。认同使他们能够恢复自尊、自信与自豪。

被倾听
被倾听的需求并不仅仅是指自己的故事被别人听到,而是希望能够表达深层次的内心感受,希望被人理解。我们在前几章中讨论过阻抗,受害者们会一遍又一遍地重复自己的故事。阻抗表明了受害者并不觉得自己得到了深度的倾听。而一遍遍地重复讲故事是一种无意识的尝试,是为了处理那些令人痛苦的感情记忆。你可能已经猜到了,情感标记和提取核心信息,是帮助受害者满足倾听需求的最好方式。

创造意义
我们是创造现实的存在。我们的大脑通过编造故事来帮助我们了解身边正在发生的一切。然而对于受害者来说,故事情节被严重地扰乱了。他们再也无法理解这个世界了,因为创伤性事件已经打破了他们对事物本身的设想、期望与信仰。为了获得控制感与稳定感,受害者们需要从他们正在经历的混沌中创造意义。有时,这种意义是通过宗教上的信仰来追求的;而有时则是通过引发冲突,甚至是战争来找寻的。当人们选择去追求一些至高无上的目标,创造意义就变成了一切的目的。许多冲突都是由这种未能满足的需求所驱动的。

安全感

受害者的身心总是经受着恐惧。他们对这个世界有关安全、舒适的感知已经被破坏了。他们总是在试图寻找应对恐惧的方法,这种方法会包括各种类型的成瘾行为:抑郁、回避、敌意或侵略表现。所有这些表现都是大脑的无意识策略,目的只是为了满足对安全感的需要。

满足受害者的需求

值得注意的是,如果受害者的倾听需求得到了满足,其他的需求也会得到满足。更值得关注的是,复仇的需求会在这之后消失。我曾亲眼见过几百起冲突最终发生转变,许多人讲述了他们在经历过情感标记后找到了通往治愈的路。深度倾听并不总在一开始就起作用,一次倾听或是二十次倾听都不见得会有立竿见影的效果,但是它确实很有帮助,所以在处理冲突的时候,我总会选择用这种方式来帮助受害者。

让我们来看看如何利用受害者的六种需求的知识,来帮助离异夫妇解决孩子的抚养问题。

第一步是要去认识到,你的前配偶觉得自己受到了欺负。无论在这段婚姻中,你曾是个圣人还是魔鬼,这都没什么区别。这意味着在被控告与攻击的时候,你是不能为自己辩护的。当然,你会想要争辩,甚至感到更加愤怒。但是,如果你想挽回这种糟糕的局面,你必须控制自己的情绪,并试图帮助你那"受迫害"

的前任满足需求。只有你的前任冷静下来，你们才能解决问题。

你可能会想："为什么我要满足我前任的需要？"只有一个原因：保护你的孩子。你必须找到一种方法来建立一种合作的育儿关系。这需要你自己去努力适应一个表现得不太好的人。你不必像一个棉花糖一样任人欺负，当然也不必屈服于任何要求。但你必须让自己置身于情感的空间中，在那里，与前任交谈的几分钟时间里，你要做到不去评判，不直接反应。

下面这个情境非常经典，它展示了这一切可能会如何发生。在这个案例中，我选择了母亲作为受害者，但其实按常理来说，父亲也很容易受伤。

你的前任："我爱我的孩子们。即使法院不能让他们远离你，我也会这么做的。我知道你会虐待他们的，这只是个时间问题。孩子们都怕你。如果他们不想见到你，我是不会强迫他们的。"

你："你很生气。"

前任："是的，我很生气，你这个肮脏又说谎的讨厌鬼。"

你："你感觉自己被背叛，感觉不受尊重。"

前任："我一分钟都不会让你和孩子在一起的，我一点儿也不在乎进监狱。"

你："你很害怕。你感觉彻底地被抛弃，你很孤独。"

前任："没人站在我一边。我必须坚强，成为孩子们的后盾。这个世界上没有其他人爱他们了。"

你："你感到不被爱，你没有安全感，你很孤单。"

前任："是啊！"

在这次交流中,母亲利用孩子来表达她无法直接表达的东西——她强烈的被背叛和被抛弃感。这种直接的侮辱反映了母亲正在经历的一切,并且她不接受任何责备、否认与辩护。这使得对话在一开始变得非常困难。你的全身都在尖叫着想要还击,然而,如果你能控制自己并跟随着感觉,你会在更短的时间内得到更好的结果。事实上,即使再出色的情感标记,也可能不会对现状有太大的改变。然而不做就什么都不会改变,你值得一试。

假如这位母亲有机会获得治愈,她需要有人去倾听她。那么看看下面这个类似的情境,你只作为朋友,而不是前夫出现。

你的朋友:"我爱我的孩子们。即使法院不能让孩子们远离他们滥用暴力的父亲,我也会这样做的。尽管他从来没有虐待过孩子们,但我知道这一定会发生的,这只是时间问题。孩子们害怕他们的父亲。如果他们不想见到他,我不会强迫他们的。他们已经足够大了,可以有自己的主意了。"

你:"你对你的前任感到非常生气,你对法庭非常失望,觉得法庭并没有试图保护你的孩子们。"

朋友:"是的,他是个肮脏又说谎的讨厌鬼。"

你:"你恨你的前任,你感到非常难过。"

朋友:"是的,有时候这种感觉真是无法承受。"

你:"你被自己的憎恨、愤怒、失望、悲伤所压垮,你感觉很孤单,没有人理解你。"

朋友:"的确是这样。"

这一次，作为一个朋友，你可以更深入地展开话题。只需要再多聊一些，你们就能达到问题的根源：她被消极的情绪压得喘不过气，并且感觉孤单，不被理解。这是受害者需求没能被满足的典型表现。你对她的情绪的同理心倾听将会帮助她找到治愈伤口的路。

本章小结

本章将情感标记用于解决我们最亲密最个人的关系：与伴侣、配偶、前配偶的冲突上。在本章中，我们学到了：

- 我们情感痛苦的根本原因，以及它在功能失调行为中是如何表现的。
- 在我们的亲密关系中，我们需要学习耐心与有同理心地倾听，要知道什么时候暂停，什么时候倒退，再选另一个时间重新尝试。
- 离婚可能会充斥着强烈的情绪与愤怒，尤其是在需要共同抚养孩子的时候。
- 受害者的六种需求，以及如何运用这些知识去应对想要报复的人，比如说前配偶。

第七章
化解职场冲突

这门课有着难以置信的力量,学习它让我拥有了许多可以应用于生活与调解的方法。每一个调解员、律师,甚至是任何人,都可以从中获益。

——马尼·卢茨(Marney Lutz)

如何与各类职场角色进行沟通

对于大多数人来说，清醒着的时间主要都用来工作。虽然我们可以选择在哪里工作，但却很少能选择和谁共事。因此，工作中难免会产生烦恼、摩擦与冲突。

如果监督者和管理者缺乏领导能力，那么冲突可能会变得更频繁。领导和管理是完全不同的技能：领导能够使冲突产生价值，管理则是尽力避免冲突。而避免冲突的最终结果却只能是员工的不悦以及生产力的匮乏。

在本章中，我们将会运用基础的情感标记技巧来应对：

· 合作伙伴。
· 老板。
· 下属。

如何对合作伙伴进行情感标记

有时候合作伙伴真的会让人发疯。但学会倾听他们的情绪，忽略话语内容，将让你从他们恼人的行为中解脱出来。像之前一样，遵循以下公式：

1. 忽略话语内容。
2. 倾听并反映他们的情绪。

这种全新的倾听方式可能会有一些违背你的常识。比如当你想要这个恼人的合作者离开，让你一个人待着，别再烦你，你可能需要考虑一下先去倾听对方的情绪。你的同事是带着所有的生活经历以及情感包袱工作的，那些恼人的行为也只是他在自己的家庭里学习到的应对方式。虽然你可能希望对方的表现更成熟、更合理，但你要记住，你面对的人在生活中可能并没有什么积极的情绪体验。你需要做的，不是去修正对方，而是试图让紧张的情况变得稳定。只有这样，大家才能冷静下来去做手边的事情。

下面让我们看看第一个情境，你的同事正在发脾气，并且和身边的每一个人争吵。他这么做可能会有很多原因，如果你决定去倾听他的情绪，你就可能找到问题的根源，并让你的同事平静下来。下面这种方法也许可以用来应对一个大喊大叫的共事者：

吉姆："他们又来了，让我们做这些愚蠢的工作。我受够他们了，他们就是一群蠢货。你到底为什么要听他们的？你到底有多懦弱啊？"

你："吉姆，你生气了！"

吉姆："我是生气了，我已经不想再听楼上那群蠢货教我们如何工作了！"

你:"你觉得你不被尊重,觉得他们没有听你说话。"

吉姆:"对!他们从来不听我们说了什么。我们就是便宜的螺丝钉,想换就换!"

你:"你觉得自己没有发言权,受到了不公正待遇。"

吉姆:"不是不公平待遇。只是他们不尊重我们,就好像我们是一群不值得尊重的废物。"

你:"你觉得管理层对待你就像对待一个废物。你觉得自己不被尊重。"

吉姆:"没错。我从来也搞不清他们到底想要什么,他们的方向总是变来变去。我真不知道到底该干啥。他们为什么不能让我们自己待着,做自己的工作呢?"

你:"你很焦虑,很困惑,很希望能自己待着,你想安心地做好自己的工作。"

吉姆:"是的,我的要求很过分吗?"

你:"你感觉自己像个不能自由行动的囚犯,你觉得他们非常不尊重你。"

吉姆:"你说对了!"

吉姆说了什么不重要,你只需要忽略他说的具体内容,去反映他的感受。其中有几次,他反问了你问题,但你忽略了这些问题,并反映了他在这些问题下所隐藏的情绪。这是非常重要的。人们经常会无意识地问问题,而通常你的反应则会是去回答。但如果你这样做了,你就会被带入你的同事的节奏中,失去对问题的把控。

这里的诀窍是忽略问题,并将注意力集中于对方的情绪。如果这个问题真的很重要,你可以在稳定了你同事的情绪后,再返回去回答这个问题。有时候,好斗的同事会侮辱或攻击你,如果你关注他说了些什么,你可能就会被煽动。而如果你忽略他的话,你就不会受到影响。你甚至会对这个让你感到不愉快的同事产生一些同情。

在另一种恼人的情境下,你的同事会一直说个不停。现在你可能已经意识到了背后可能隐藏的原因:即对被倾听与交流的深度需求。但你需要利用你的洞察力来掌控这个人。如果你只是简单地对他进行深度倾听,你可能会发现你的同事将会整天黏在你的身边。他在精神上实在太过贫乏,以至于觉得你就是沙漠中那唯一的一抔甘泉。面对这种情况,你必须划清与他之间的界限,并坚定地去遵守。你会惊讶地发现,对方很可能会服从你的安排,因为他觉得自己是被倾听的。但假设事情并没有如此顺利地发展,你就需要通过反映对方情绪来让对方冷静下来。

下面让我们来看一个例子,了解一下这种情况可能的发展:

安娜玛丽:"你知道上周苏西在工作室是什么样的。她似乎对他永远都不满意。好吧,我从没想过我会见证这一天。然后我的女儿昨天晚上和我讲她三岁的孩子是多么可爱。难道你不喜欢那个年纪的孩子吗?你听说为了提高生产力政府采取的新措施了吗?我很好奇他们为什么会以为我们有那么多空闲时间?我希望他们能雇佣更多的人,这样我们就不会有这么多压力了。杰西卡很困惑,她不知道是不是要去争取晋升的机会。她很有才华,但我觉得她野心不够。"

你:"你很焦虑。"

安娜玛丽:"唔,不,我不焦虑。你听说罗杰的儿子在学校被打了吗?我实在不能想象他们到底在想些什么,这真可怕。下周季度绩效结果就要出来了,比尔很担心我们组的表现。他的奖金和表现挂钩,他因为这件事真的很烦躁。"

你:"你很担心绩效的结果。"

安娜玛丽:"嗯,好吧,是啊,你不担心吗?我的意思是说,这对我们每个人来说都很重要。"

你:"你很担心,你害怕我们会因此不被尊重。"

安娜玛丽:"当然啦。"

与那些滔滔不绝的人交流经常会产生问题,因为我们不知道该怎么做才能抓住问题的重点。这就是情感标记真正发挥作用的时候了。只要你用"你"开头的陈述来关注对方的情绪,你就不用担心自己的打断会是没礼貌或不体谅对方的了。

谈话中约定俗成的规则根本不适用于情感标记,因为情感标记不是对话。想想看,在正常的交谈中,你和你的朋友或同事通常会交换话题。你会耐心等待你说话的轮次。根据情况,你会表示同意、不同意、改变话题,或者采取任何可以被接受的、礼貌的对话策略。在别人说完之前打断对方并强加你的观点,被看作是很不礼貌的。

但在做情感标记的时候,你不是在对话。对话的唯一参与者是说话的人,而你只是简单地用简短而直接的句子来反映对方的情绪。你可能经常会在自己觉得合适的时候用情感标记来"打断"对方的话。

不要只是听我说,在说话人身上做个试验吧。去给说话人一点空间,让他们能够就某事大声地喊出自己的想法,并时不时地用情感标记来打断对方,观察对方的反应。

当我在课堂和研讨会上演示这一点时,除了演讲者之外,每个人都认为我是他们见过的最粗鲁、最傲慢、最专横的听众。然后我问演讲者她的体验是什么样的。她总是会说:"我一生中从未被这么深度地倾听过。"

学生们大吃一惊,他们觉得这简直难以置信。打断他人是一种非常常见的粗鲁行为,以至于他们无法想象这种打断是如何被说话人肯定并产生积极效果的。这也是情感标记违背常识的另一个原因。因为这不是对话,对话的规则是不适用的。但它看起来像是在对话一样,所以你感觉规则似乎应该适用。但就像我说的,不要只听我说。在一种安全的、低风险的情况下,自己试试看看会发生些什么,相信你会有惊喜地发现。

情感标记是我所知的唯一一种可以应对那些说个没完的人的方案。作为一个调解人,我必须在严格规定的时间内工作。如果我要等着说话者充分释放完自己的情绪,那我手边的工作将永远做不完。而用情感标记应对说话者漫无边际的谈话时,我可以让他们内在的某种深层次的东西平静下来。很快,说话人就不再有表达的需求,我就可以继续解决问题了。

还有一种类型的同事,头上经常愁云密布。他们总是非常消极,从没有觉得哪天是快乐的,并且总是要让周围的人知道他们的不快。他们的消极可能是习惯性的,然而这之后所隐藏的,可能是悲伤与孤独的情绪。只要进行一些简单的情感标记,就可能点亮对方的生命之光,让阳光得以照射进他们内心的阴霾,也能够让所有的人都松一口气。

你可以通过下面这个例子,来了解具体该怎么做。

梅琳达:"今天又是糟糕的一天。我的猫病了,我的妈妈也不让我去她家。所有人都在要求我做这做那。"

你:"你很难过,你不开心。你觉得不够满足。"

梅琳达:"是的,而且我头痛得厉害,老是好不了。"

你:"你感到孤独,觉得自己被孤立。"

梅琳达:"是的,生活真的很糟糕。"

你:"你感到绝望。"

梅琳达:"是的,的确是这样。你怎么知道的?谢谢你听我说话。"

另一种令人厌烦的人,总喜欢说行话,而不是做出明确的指示。他们选用行话来替代具体的计划、思考与实践,并以此来逃避向同事传达那些有着明确指示的苦差。有时候,用情感标记可以透过行为,来帮助你的同事真正地去解决问题。

亚伦:"好吧,你知道我们要拓展新客户,我们需要一些创新思考,要通盘检视来确保整个过程井然有序。如果我们能成功,我们将会拥有终端用户的视角,这样我们就能够挑战前所未有的高度,完成不可能完成的事情。"

你:"你很激动,很焦虑。"

亚伦:"我们需要找个人来挑重担,或许我们需要开个会。希望我们最终能得到好的结果。"

你:"你很焦虑,你不确定自己是否会被支持。你觉得有点害怕,你怕这一切不会如愿进行。"

亚伦:"是的,你怎么知道的?"

你:"我只是在认真听你讲话,这就是全部答案。那么你想做些什么来应对这种状况吗?"

亚伦:"当然,如果有办法那自然是最好的。谢谢你。"

亚伦不断地用大而空的行话去掩饰他对一个新项目的不安和焦虑。比起直接承认自己受到了挑战,暴露自己的那些可怕的弱点,他更愿意借用一些老生常谈的论调,来委婉地挽回自己的尊严,好让人们觉得他很好地掌控着整个事件。你的第一反应可能会是让他滚蛋,就像你过去曾经做过的那样。但利用情感标记,你或许能够帮助他克服焦虑。你为什么要这么做?因为你不想再听那些装模作样的官腔了,或者你需要他在这个新项目中获得成功,又或者你的另一个项目需要他的帮助,并且你希望能与他保持联系,创造未来能够合作的机会。你可能有许许多多的理由来对他做情感标记。当然,你也总是有权利选择不去倾听。然而现在,在应对艾伦这件事上,你有了一些新的选择。

无论你在哪里工作,你都可能会遇到傲慢的同事,用讽刺而自以为是的腔调来和你讲话。这种人令人愤怒，因为不论是讽刺还是自负，都会让人感到不被尊重。与这样的人共事是一种挑战，因为你需要先让自己保持冷静，才能推动事情向积极的方向改变。

那些"无所不知"的人，天生希望能保持权威。他们用讽刺筑起一堵心墙，试图用这种方式来保护自己的自尊。就像你可能已经猜到的那样，他们讽刺的言语下隐藏着无意识的情绪，而正是这些情绪影响着他们的态度。如果放任他们不管，这些人将会成为你压力与烦恼的来源。而利用情感标记，可以帮助你将注意力暂时从讥讽中转移开，使你和同事建立起合理的工作关系。

你："嘿，丽贝卡，你能给我讲解一下那个流程吗？我不确定我是不是搞明白了。"

丽贝卡："老天，这个这么简单，两岁的孩子都能明白，我实在不清楚你的问题是什么。"

你："你现在感到很沮丧，但还是麻烦你现在说明一下。"

丽贝卡："嗯，我的意思是说，任何有脑子的人，都能在两秒钟内搞明白这件事情。"

你："别人搞不明白这个问题，让你觉得很恼火。"

丽贝卡："是的，我是很恼火。好吧，让我们再来一遍。"

你："你很沮丧，因为不是每个人都和你一样聪明。"

丽贝卡："的确是这样。"

你："并且你感觉不受尊重，是因为公司没有充分实现你的价值。"

丽贝卡："是啊，你怎么知道的？"

你："哈哈，都是你告诉我的。"

丽贝卡："好吧，谢谢你能意识到这个问题。也许你没有表面上看起来的那么蠢。"

你："不用谢。"

的确，和这个人相处起来非常困难。如果你不需要和这个人共事，也不需要依赖她，在可以的时候，避开她就好了。但如果你没得选，试试利用情感标记，看能不能改变她对你的态度。这可能不会每次都奏效，但这样做能够帮助你去忍受那些伤人的侮辱和讽刺。

其实每一个难相处的同事，内心都在体验着那些会令他们产生失常行为的情绪。他们习得这些行为，只是为了应对不安、焦虑、恐惧、悲伤以及低自尊的感觉。一旦你能发觉他们潜藏在深处的情绪模式，你就可以选择用情感标记的方式来让他们安静下来。这样你会发现，忍受那个讨厌的同事变得容易多了。

如何对老板做情感标记

在别人的监管下工作本来就会产生问题：你失去了自主权。换句话说，当你为别人工作的时候，你不能总去做那些你想做的事情。你需要去做你老板希望你做的事，并把自己的欲望抛在一边。而如果你的老板情商低、领导力差，又或者情绪上像其他人一样失衡，那你的工作生涯将变得非常凄惨。

假如你的老板是个真正的领导者，你会不介意放弃一些自主权,因为跟随这个人将会是一种真正的享受。你觉得你真的可以跟随领导完成更多的事情,在领导的掌控下,你能做到的事情要比自己一个人时更多。好的领导帮助你创造人生价值,而你会珍惜这份工作。

缺乏情商的老板总是趋向于避免冲突。他们缺少应对冲突情况的能力,觉得对你不理不睬反而更容易。当发生问题的时候,他们就会责怪你,尽管这种时候他们必须要站出来,你也指望不上他们。他们可能是在童年时期学到的这种行为模式,也可能是利用这种方式来作为职场生存的策略。

听老板的话是件很微妙的事情。如果你太严厉,你的老板就会感觉自己被操控。你必须多加练习这些技巧,并在决定对监管者进行情感标记的时候,更敏锐地把控对方的情绪。简单至上。一个简单抛出的情感标记,要比那些深入挖掘情感的情感标记更好。但另一方面,如果你和你的老板关系很好,深度挖掘可能会更有用。许多雇员因其在对领导者话语的倾听与传达方面具有无可替代的重要性,而获得了飞快地晋升。综合这一系列的考虑,让我们来看看以下用到情感标记的场景。

第一个场景里,你的老板非常粗鲁,他不尊重别人,是个横行霸道的家伙。他是一个没有人际交往能力的人。他不懂领导,并且坚信威胁与高压政策是唯一可靠的激励员工的法则。这个老板让你的工作生活变得很不开心。如何优雅地运用情感标记的技巧来应对这样的老板呢?记住,就像习得所有新技能一样,如果你表现得太明显,你就会被发现。至少你会感到尴尬,受到奚落。更糟糕的情况下,你可能会被你的老板处理,并且从此以后失去他的信任。你一定要谨慎行事。

乔治："你们这些人到底怎么回事？"

你："乔治，你真的很生气。"

乔治："废话，我要气死了！你们这一群无能的蠢货！"

你："你彻底失望了，你感觉不受支持。"

乔治："我当然是这种感觉。"

你："你很沮丧，很焦虑，担心事情会不能完成。"

乔治："没错。"

你："我明白了。你愿意花费几分钟，让我们来解决这个问题吗？"

乔治："我们不需要解决问题。你们只需要做好你们的工作！"

你："所以你觉得不被尊重，感觉被孤立，因为大家没有在做他们的工作。"

乔治："没错。"

你："好的。你愿意帮忙解决这些问题吗？"

乔治："当然不。你们这些家伙造成了这个问题。我希望你们自己解决。"

你："你感到不耐烦，你很焦虑，你希望这个工作立马被完成。"

乔治："没错。"

你："好的，我们现在就去处理。"

乔治："马上执行！"

这个老板是如此独断专行，以至于你几乎没有任何机会去讨论问题解决的方案。然而，在这段对话中，有一些有趣的事情发生了。

你通过不回应他的侮辱来开始对话。你选择了忽略他的言语，只专注他的情绪。这使你自己免受沮丧与愤怒的伤害。你的选择同样避免了局势向一场你无法获胜的尖叫比赛上发展。当你的情感标记看似奏效了的时候，你开始询问问题解决的方法。但这只是让乔治重新变得生气。有时事情会这样发展，你以为自己已经让某人冷静了下来，并试图去开启问题解决模式，但却发现这个人又开始发火了。此时，你的表现非常棒：你又重新回到了情感标记上。你再次试图吸引乔治，却发现他并没有这样做的心情。在你自己变得激动之前，你选择了优雅地撤退。

这是一个非常棒的例子，展示了你如何利用情感标记来避免陷入乔治的情绪中。你没办法吸引到他，因为他不想你这样做。在此时此刻，你需要把控局势，并采取一系列行动来使对方平静。这也是在专权的老板领导下，下属经常需要去做的事情。但注意不要退缩，你不是被乔治所威胁。相反，只要能看到成效，你就应该一直陪着他，然后再撤退。如果他就想沉浸在自己的不安之中，你就必须让他按自己的想法来。但你不需要让他的愤怒影响你的生活。如果这种模式一直这样持续，或许你需要换一个领导人，或者找另一份工作。然而你可能会发现，这种重复的情感标记把乔治带向了问题能够真正得到解决的境况。这明确地说明了，乔治才是问题所在，而不是整个团队。

在另一个情境中，你的老板是个不听别人说话的人，并且缺乏情商。他只喜欢自己说，觉得自己是世界上最聪明的人。然而事实是，他之所以不听别人讲话，是因为自己从未被倾听过。他所感受到的可能是不被尊重、愤怒、不公平、悲伤、孤独、被抛弃感。如果你能忽略他说了什么，只关注他的情感体验，你或许可以帮助他打破负能量的循环。即使不能，他倾听能力上的提高，也能显著地提升你工作的舒适度。

下面让我们来看看事情可能如何发生：

你："安德烈，当你驳回我或打断我的时候，我感觉自己没有在被倾听。这让我很沮丧，我感觉不被尊重，感到与你疏远。"

安德烈："好吧，当然。你总是试图控制任何人、任何事。大家都在这里工作简直是一种奇迹。你是个大忙人，每个人的活儿你都要掺和。当然大家都会无视你，我也学会了这么对付你。"

你："唔，你觉得你自己没有被尊重。"

安德烈："是的，因为你不尊重我。怎么还可能有人在你身边？你只关心你自己，你从来不关心整个团队。这不仅是你一个人的事。别人都没有呼吸的空间了！"

你："你觉得不被倾听，感觉没有人支持你，觉得没人赏识你。"

安德烈："哈！顺便说一句，我明天就要你们组上交报告，别拖到下周。客户会议提前了，副总裁需要时间提前了解会议内容。"

你："所以，你觉得自己被无视，感觉别人不尊重你。"

安德烈："是。你明天能把报告做完吗？"

你:"我明天会给你报告。"

安德烈:"很好。"

这个老板侮辱你,并且不听别人的话。他突然转换话题,就好像刚才正在讨论的话题不存在似的。他可能是在无意识地试图把自己从你唤起的痛苦情绪中脱离出来。而你的情感标记,能够阻止你做出可能适得其反的反应:反驳、争吵,或者消极的退缩。从长远的角度看,上面所有这些选项都不会奏效。在这种情况下,安德烈根本搞不清楚自己的内心,以至于你的情感标记几乎不起作用。他确实对你的反馈做出了回应,但却没有花时间去加工它们。最有可能的是,他在逃避自己的情绪。面对这种类型的老板,你只能持续地做情感标记,来避免自己被伤害。通过忽略他说的话,关注他的情感体验,你的自我将更能避免被卷入负能量的漩涡,你也不会被激怒。

还有一种类型的老板,他们的问题是总会去责怪员工,哪怕是最微小的失误,都会怀恨在心。你是否也曾经历过这样的情况,即使自己一切都是按照指示做的,但最终还是被责罚?你内心对这种错误的指控感到深深的不公平。你是对的!并且你正在忘记工作中的基本规则。如果你没有权力,正确就不属于你。我们都认为自己是对的,当我们感到愤怒的时候,我们感觉自己前所未有的正确。不论对你的老板还是你来说,大家都是这样感觉的。他和你一样喜欢被当作正确的标榜,甚至他对正确的追求更甚于你,因为只有这样,他才能在组织中保持自己的自尊。

和其他许多情况一样,当你受到不公正的责备时,最糟糕的事情就是自我防御与争辩。如果你试图为自己辩护，你的老板会觉得你在质疑他的权威。而正是在这种情况下，利用情感标记将会让你头脑清楚，不发脾气。

让我们设想一个情境。你的老板发了一封邮件给你，他要你去预定一个大会议室。开会那天，你的老板走错了会议室，以为那才是你预定的。当发现那间会议室正在被使用的时候，你的老板立马对你进行了斥责。你因为自己没有犯下的错误而被责骂时可以参考下面的方法，来掌控这种局面：

罗伯特："看，会议室被占了。我上周就告诉你让你帮我预定。你为什么连这么点事情都搞不定？"

你："罗伯特，你真的很沮丧、很失望，因为会议室对你来说是没办法使用的。"

罗伯特："当然，我真的懊恼。"

你："你感觉不被尊重，感觉不被支持。"

罗伯特："没错！为什么我就指望不上你？"

你："你感觉自己仿佛不能依靠任何人。"

罗伯特："没错。"

你："好的我明白了。你让我帮你预定哪一间会议室？"

罗伯特："A会议室。"

你："你改主意了吗？因为你给我发的邮件里说你想要大会议室。我预定了，而且确认过这间会议室帮你留了一整天。"

罗伯特："哦。"

你："没关系。我知道你有好多事要处理。"

罗伯特:"哦,好的,谢谢你。"

罗伯特完全搞错了,并且把他的错误归咎于你。但比起自我防御,你的情感标记帮他冷静了下来,然后你询问了一个简单的问题。他可以改变主意,向你发出你从未收到的指示。当他说"哦"的时候,他意识到了其实是他自己犯傻了。比起在此时幸灾乐祸,你给他一个台阶保护了他的面子。他还不够成熟,不能为自己的粗鲁道歉,但因为你的处理得当,情况没有进一步恶化。

我做过许多不同工作场合的纠纷调解。许多人身边都有个难以对付的老板。员工们总是认为他们有权利被尊重,而这往往使事态变得更糟糕。虽然公共礼仪和良好的教养鼓励监管者尊重下属,但他们并不是必须尊重。就像我一遍又一遍地和员工讲的那样,做一个不开心、难相处的老板是不犯法的。当你没有权力的时候,你就需要学会容忍这些恼人的行为。情感标记能帮助你渡过难关,让你不失去自己的从容。

如何对下属做情感标记

假设你是组织中的领导者,不用怀疑,你也会像员工面对老板时那样,遇到相同的问题。从情感体验的角度来看,人们的行为真的非常容易被预测。作为一个领导者,你需要注意下属的哪些行为会让你发狂?下面是其中的一部分:

- **消极**。
- **被动攻击**。

- 高戏剧性。
- 好斗且不尊重他人。
- 不诚实、说谎、缺乏信誉。
- 随机的大脑停机,尤其是在你特别忙碌的时候。
- "不动脑"综合征。
- 低情商。

如果这个清单看起来和老板的坏毛病清单很像,请你不要感到惊讶。这些难以应对的坏行为往往是基于无意识应对痛苦、沮丧、疏离感、不被尊重感、被抛弃感的策略。作为一个老板,做情感标记时你会更游刃有余,因为你的员工愿意听你说话,无论你说的是什么。

情感标记将帮助你让那些难使唤的员工变成忠诚而得力。通过情感标记,你能够掌控对话的节奏,干净、利索、专业地处理那些紧急的事态。当你体会到了情感标记的力量,你会发现这种方法能够使你在面对员工挑战时掌控节奏,你能够在几分钟内把那些戏剧化的冲突情境,转化为有效解决问题的谈判。

接下来让我们通过几个具体场景,了解一下情感标记在领导方面的重要作用。

没有什么比一个消极的员工更降低士气的了。那些总是不开心的人可能无法意识到,自己阴沉的心情会影响到效率与创造力。他们总是习惯在不经意间把世界看得虚无而灰暗,而你面对的挑战,就是要去中和他们带来的影响,并改变他们思考的轨迹。下面是你可以参考的方法:

你:"嘿,蕾切尔,你今天感觉怎么样?"

蕾切尔:"嗨,我还好。我的妈妈病得很重,我的猫也快死了。"

你:"你很焦虑,很难过。"

蕾切尔:"是的,我的女儿正在和一个混蛋约会。这家伙既骗走了她的钱,还像对待蠢货一样对她。"

你:"你很难过,并且很担心你的女儿。"

蕾切尔:"是啊,但我什么都做不了。她不听我的话,大多数时候她都无视我的意见。"

你:"你感到很孤单,觉得自己被抛弃了。"

蕾切尔:"是的,是这种感觉。没人理解我。"

你:"你感到孤立无援。"

蕾切尔叹息道:"没错。谢谢你听我讲话。"

这段简短的情感标记展现了一个普遍的问题:无法对"你感觉怎么样"做出回应。大多数人在指定的特定时间里,都没有足够的自我觉察来描述他们的情感体验。如果他们的体验足够强烈,那么他们就会被强制去关注情绪,并能够描述他们所感受到的一切。对于蕾切尔来说,沮丧是很平常的体验,所以她不能有效地处理这种情绪,并回答你的问题。相反的,她转而去回答了另一个你没有问她的问题:"是的,我的女儿正在和一个混蛋约会,这家伙既骗走了她的钱,还像对待蠢货一样对她。"看起来她仿佛根本没听你说了什么,而且她可能真的没有听。但我告诉你一个诀窍,在应对这种情况的时候,不要放弃,不要觉得沮丧,只有这样你才可能处理好这个问题。

在这个例子里,你坚持听蕾切尔倾诉。不论她涌现出什么样的情绪,你都做了标记,不管她是否意识到这件事情。最终,你找到了核心的问题,当你说"你感到孤立无援"的时候,蕾切尔放松了下来,并轻声叹息。终于,她内心的某处觉察到了自己正在被深度地倾听着。

为什么要花时间做这件事?首先,让我们来看看你的投资与回报。这段对话可能只会花费你三十到四十五秒左右的时间,这是你会耗费的时间的极限了。但如果你采取其他方法,比如和蕾切尔辩论,或是建议她不要再这样消极下去,你们之间的对话将变得极为冗长。用情感标记的方式,实际上是在节约你自己的时间。

其次,想想你作为领导者的身份。尽管你的内心可能抗拒这个方法,但你领导着的下属需要你成为他们的心灵港湾。这并不是说要你成为一个咨询师,每天都听他们唠叨,或者为他们提供哭泣时可以倚靠的肩膀。但你需要关注下属们的情感体验。员工们白天的感受直接影响着他们的工作效率,也同样影响着你的收益。你或许会弱化感情在工作中的重要性,但我要告诉你,这样做是一种典型的领导错误。所有的决策,所有的归因,所有的问题解决,都是通过情绪开始的。

没有情感,我们就没有办法做出选择,没有办法做决定,也无法保持理性。同样的,如果我们感受到了强烈的情绪,我们可能会僵住,视野变窄,并做出不理性的决定。表现良好的团队,他们的情感体验总是处于最大效能区间。你作为领导者的主要工作，就是去监控人们是否在这个效能区间内，并帮助他们停留在此区间。而情感标记，就是你可以利用的有效工具。

老板们总觉得他们拥有权力，或许他们确实拥有，但员工同样也拥有权力。如果员工不愿意配合，什么事情都无法完成。我曾经咨询过一群大型汽车经销公司的中层领导，这些人认为在公司里，自己是最有权力的人。但当我们认真思考后，我发现事情并非他们想象中那样。

"你们这些家伙还是不明白。这间屋子里谁有权给你钱，掌握你的现金流？"他们感到困惑不解，似乎没有人拥有这种权限。

"坐在后面的帕蒂呢？她是整个公司的财务合同经理，每个合同都需要经过她的办公桌。帕蒂，如果你决定推迟合同流程，将会发生些什么呢？"

帕蒂回答："贷款方的流程将不会得到处理，我们也无法得到销售所得的贷款。"

"如果事情真这样发生了呢？"我问。

"那么就不会有付款，也没法发工资。"她回答。

"如果这个房间里的总裁或销售经理惹恼了你，你决定延后几天再处理他们的合同，将会产生什么后果？"我问。

她微笑着说："他们将无法得到报酬。"

"所以，你们觉得这间屋子里，谁才是最有权力的人？"我又问了一遍。

这就是我想表达的重点。帕蒂看起来仿佛是那个房间里最没有权力的人,她只是一个进阶的文职人员。然而,她每天的决定却深深地影响着房间里的每一个人。

工作场合的权力分布是非常广泛的,作为一个领导,你必须认识到这个问题,并和那些时不时想要对你使用权力的员工打交道。一种典型的例子就是被动攻击型的员工。

被动攻击型的员工倾向于用非侵略型的方式来反抗。他们会试图控制、损害或创造领导者的负面印象,并避免使自己担上责任。当面对质的时候,被动攻击型的人会显得非常惊讶,就好像他们第一次听说这些事情一样。他们会宣称自己是无罪的,并花言巧语地推诿,把责任归咎于其他地方。

具体的行为又分为几种类型。背后捅刀的员工,是指那种在你面前表现得顺从、无怨无悔,而在你背后却使劲否定你、鄙视你的人。得过且过的员工会故意不遵守规定,但抱怨他们是徒劳无用的。消极怠工的员工会宣称他们自己忘记了一些事情或是误解了别人的意思,他们隐晦地表达鄙视,并通过犯错来使你置身于不利之地。危机解决型的员工则会寻找合适的时机来反败为胜。这种人会在你离开的时候制造危机。他们会越过你去寻找你的上级,为采取必要的行动而寻求上司的批准。他们的目的是创造一种你不可靠,而他们很负责的假象。

被动攻击型的人不是单纯的坏蛋,他们能做的最好的事情就是让他人看起来很坏。通常来说,他们都会受到情感的催化。由于你根本没时间情绪化地去识别正在发生的事情,你注定要感到痛苦。而情感标记则是一种可以帮你扭转这一种糟糕情况的工具。

下面是面对与管理被动攻击型员工时，可能遇到的潜在情境：

你："谢谢你与我见面，阿方索。"

阿方索："没事，不用谢。"

你："现在我有一个潜在的问题想要和你探讨。"

阿方索："好的。"

你："我听到了许多人的汇报，并且其中有许多人，我是说超过一半以上，都说你在我背后批评我和我的决定。我很困惑，因为在会议中，你看起来总是很支持我的决定。我从没听过你的意见，也没听过你对任何事情持反对立场。我只是很想知道到底发生了什么。"

阿方索："哦，好吧，这全是谎话。那些说我坏话的人都是在诬陷！"

你："你很生气。"

阿方索："是啊，我很生气。不应该有人责备我才对。"

你："你感觉不被尊重。"

阿方索："是的。"

你："并且你觉得自己被人背叛，就像有人在斥责你一样。"

阿方索："没错，这就是我的心情。"

你："那么好吧，告诉我在我手底下工作感觉怎么样？"

阿方索："还可以，我猜。"

你："你很沮丧。"

阿方索："一点点而已，有时候。"

你："你感觉不被尊重，不被赏识。"

阿方索:"是的。"

你:"你觉得没人听你说话,感觉自己的意见无所谓。"

阿方索:"是的,的确是这样。你总是这样,明明知道,却从来不听。"

你:"你觉得这种情况是不公平的,你需要更多发言的机会。"

阿方索:"是的。"

你:"你觉得他人应该仰慕你。"

阿方索:"是。"

你:"你在这里工作挺长时间了,你觉得这应该值得被认可。"

阿方索:"没错。"

你:"你很沮丧,因为没有被晋升。"

阿方索:"是啊。"

你:"你觉得在这里无法实现自己的价值。"

阿方索叹息道:"是啊,的确是这样。"

你可以在不发生冲突的前提下了解事情的真相。当你跨出一小步,说"你觉得自己被人背叛,就像有人在斥责你一样"的时候,阿方索承认了他的愤怒,因为有人捅出了他的作为。这就好像阿方索给了你接近他的许可,而这正是你真正所需要的。一旦他确认了你情感标记中所说的那些背地里的中伤,并认识到了自己的情绪,你就可以继续下去了,这就是可能发生的一切。

你说"那么好吧,告诉我在我手底下工作感觉怎么样",这是一种基于你所学的新技巧。当你通过剖析阿方索的内心,来创造一种情感上的安全感,你就获得了探索深层问题的机会。这样做的一种方法，就是询问他人对某件事的感受。不论对方如何用言语回应，你都可以读到背后的情绪，并将它们标记出来。这将会为寻找根本原因铺路。在这个案例中，阿方索的被动攻击行为是来源于没能被提拔的愤怒，他觉得自己的资历没有得到尊重，他的自我价值没能得到承认。而他所采取的用来减轻情绪痛苦的策略，就是破坏你的形象。当你找到根本原因后，他无意间表现出了放松的反应。阿方索感觉欣慰的是，你最终能够明白他因没能被提拔以及不被尊重所产生的感受。这很好，这便是你们可以开始做关系修复与解决问题的起点。

比起阿方索案例中的这种典型策略，大部分老板都会选择当面对质，谴责或威胁员工。然而员工只会否认自己做过任何坏事。这样你们将不可能做成任何事情，你们会感到愤怒而沮丧，同时还会使彼此之间更加不信任。与阿方索类似的员工还可能在被动攻击行为上变本加厉，你的工作关系将会变得更加紧张。这根本无法解决问题。

如何增强领导力

在工作舞台与专业领域中倾听、标记情感、解决问题,将使我们成为领导者的机会大大提升,不论我们当时处在什么位置,扮演什么角色,都是这样的。然而,弄清楚在当前大背景下成为领导者意味着什么,是非常非常重要的。我们往往倾向于粗心大意地抛开"领导力"这个词,混淆它与权威、管理和权力的联系。但实际上,领导力与权威、管理和权力并没有什么关系,尽管它们都是领导者可以使用的有效工具。

在我看来,领导力是一组用来帮助团队达成目标的技能。我认为领导力有四个维度:

1. 我们可以向上,成为组织中的监管者。
2. 我们可以向下,成为组织中管理下属的人。
3. 我们可以控制左右,成为同层级中的领导者。
4. 我们可以管理内部,同时领导我们自己。

如果不是在这四个维度上领先，那么你可能会发现自己在帮助团队达成目标方面毫无作用。

领导者为团队提供着三种重要的心理服务：

1. **方向**。
2. **保护**。
3. **角色定位**。

一个领导者，会通过确认团队面对的问题来决定方向，并会让团队里的每一个人了解所要面对的问题，以及找到潜在的解决方法。领导者通过向团队揭露外部的威胁，并帮助团队应对恐惧，来给团队带来保护。领导者为每一个成员提供角色定位，他允许成员利用自己来创造身份。

领导者同样需要处理团队内的冲突。不同于那些只会通过权力恢复秩序、避免冲突的权威，领导者会允许冲突出现，并利用冲突来更好地了解团队的需求。在所有这些角色中，领导者需要面对强烈的情绪。而学会如何处理这些情绪，也是作为领导的基本技巧。

本章小结

在本章节中，我们学到了：

- 如何在工作场所、任何专业或有组织的环境下做情感标记，包括对员工以及对权威的标记方法，对合作伙伴、老板、下属都可以应用。
- 如何在职场中读取他人的情绪，并做出情感标记。这是能直接影响生产力和盈利能力的无价之宝。
- 情感标签是建立在神经科学基础之上的，这种科学能够有效地帮助你找到许多职场冲突的根源。
- 领导力需要基于以下能力：提供方向、给予保护、赋予角色定位以及处理群体冲突。在面对强烈情绪时，能迅速使愤怒的人或剑拔弩张的情况冷却的技能，会是任何一个领导者的有力工具。

第八章
提升个人魅力

我真的很惊喜，因为倾听与情绪反馈竟然能如此有效地改善人际关系。对我而言，学习这种新的技巧帮助我改善了与父母之间的关系。说实话，最近我的家庭关系有着很大的问题，有趣的是，在不同的场合，我的双亲都有和我说过这样的话："你什么时候变得这么聪明？你怎么什么都知道呀？"他们这么说让我感觉特别好。我的整体人际关系都有所改善，这让我非常兴奋。我甚至发现自己的心境变得平和稳定。我不再情绪化，我变得更开心，不再是那个充满压力的烦躁的我了。在对待他人方面，我也变得更有耐心、更有同情心了。我学会了用更有效的方式来表达我自己。

——安娜·胡米斯顿（Anna Humiston），
山谷州立女子监狱

在我教那些无期徒刑的囚犯学习沟通技巧时，我期望着他们能快速而有效地减少暴力冲突行为。经过数周的学习，事情确实按照我期望地发生了。几个月后，更神奇的事情发生了。囚犯们开始报告说他们不再容易被激怒了，他们不再随便发脾气，也不再随随便便地打架斗殴了。相反，他们会自然而然地对自己做情感标记。

这出乎意料的好结果，促使我和我的同事劳蕾尔着手在培训中加上了自我觉醒的新模块。我们已经有了一个管理强烈情绪的模块，所以问题只是需要去把所有的想法转化为可以教授的小单元。这件事情的结果带来了令人吃惊的变化。囚犯们开始认识到触发自己情绪的究竟是什么，并开始积极地联系自我情感标记。他们找回了内心的平静。对于许多人来说，这在整个和平监狱计划里，是又一个改变命运的时刻。

如何提升自我情绪觉察

情绪自我觉察是情商的基础,关于如何发展情绪自我觉察的文章数不胜数,然而它看起来却是许多人所缺乏的。我相信导致这种状况的原因是童年期系统情感教育的匮乏。就像我在第二章中表明的那样,我们是情感无效化的受害者。我们接受的教育常常告诉我们情绪是不好的,是非理性的,是可怕的。我们被告知,如果我们是感性的,我们就无法做到理性。

然而没有人告诉我们,其实情感是我们身为人的一部分,而不是限制我们理性的恶魔。所以是否学习对情感体验进行自我觉察的方法,就只能取决于我们的个人动机了。通常来说,我们会因无意识的痛苦,以及这些痛苦可能导致的破坏性行为而审视自己的内心,并慢慢习得自我觉察的能力。但假设我们没有这种动机,事情会怎样发展呢?

情绪的自我察觉是一种复杂的认知功能。让我们回忆一下,在第一章中,心理学家西尔万·汤姆金斯认为,人生来有便拥有九种情感。情感是大脑对我们周围环境中发生的事件所作出的生

物反应。让我们回忆一下他所提出的九种情感:

- **兴奋**。
- **快乐**。
- **惊奇**。
- **恐惧**。
- **痛苦**。
- **愤怒**。
- **害羞**。
- **作呕**。
- **厌恶**。

这些是连婴儿都能展示出的最原始的生物反应,它们并不是通过后天习得的。

而当我们长大成人,假设我们足够幸运,我们就会慢慢地把原来对情感做出的大分类细化为更小、更精细的水平,这个过程被叫作情感粒度化。我们通过将自己暴露在不同的情感体验中,直接或间接地创造着情感粒度。之所以阅读名著能够成为受过良好教育的先决条件,也正是因为作者会通过文学作品,将情感体验分享给读者。我们儿时会从《小熊维尼》这样简单的作品开始学习,通过不断的积累,最终我们能够理解像《白鲸记》这样的作品中所描述的复杂情感。

然而关键的问题是,在这个过程中的某个时刻,我们会难以将自己的情感与教育中所习得的大量情感词汇相连接。大部分人都可以说出二十到三十种情绪，只要我们花费一些时间，仔细地去进行思考，这将不是一件困难的事情。但是，当被问及自己此时此刻的感觉，我们却往往只能使用五到六种形容词来描述自己当下的境况。自我觉察就是这种能力，它让我们能在任何情况下描述我们所经历的特定的情绪体验，尤其是在我们经历强烈的情绪体验的时候。

自我觉察的任务就是将我们实时的情感体验与可以描述这种体验的词语相连接。一个具有情感自我觉察能力的人，可以充分了解自己当下的情感体验，并将这种体验描述给自己或其他人。

自我觉察带来的好处是巨大而多方面的。

首先，我们的情感粒度越细化，我们就越能够清楚地感知到自己正在经历的是什么，这样我们就能够在意识层面使自己的情感体验具象化。而且这种对自我的认知会减少我们的焦虑，并提高我们对事情的把控度，有助于更高级的认知加工。

其次，高情感粒度使我们能够更准确地评估因果。如果我们能够区分焦虑、烦恼、挫折的不同，就能更好地知道为了应对当下情境应该做些什么。同时，这种能力会帮助我们减少焦虑的感受，并为我们创造更多的控制感。

再者，通过自我觉察，我们能够更精确地选择回应自己情感体验的方式。最终，我们将获得向他人表达我们感受，以及解释为何产生这种感受的原因的能力，这将对我们的人生产生深远的影响。

建立你自己的情感粒度

如果你的方法正确，获得自我觉察将是一件非常有趣的事情。我们将很幸运地认知各种各样的情感体验，并且我们需要做的只是简单地从中学习。你也许会回想起第一章中我听收音机的例子。只是因为一时兴起，我决定去对广播里的情感表达进行标记与计数，而三十秒内居然能够有如此多的情感表达，这一点令我非常惊讶。当我倾听的时候，我发现广告被故意地情绪化了，它们被设计出来就是为了让我们产生行动的冲动。这是多么惊人且又免费的学习工具啊！

下面是有关的拓展练习：

1. 打开收音机收听电台节目。
2. 倾听正在播放的内容。

如果电台正在播放一首歌，分别去感受歌手、歌词以及旋律都在表达什么样的感情。下面是你可以参考的示例：

- 流行音乐：悲伤、孤独、失去的爱（被抛弃感）。
- 乡村音乐：悲伤、孤独、失去的爱（被抛弃感）。
- 嘻哈音乐：愤怒、挫败、绝望。
- 摇滚音乐：愤怒、激愤、悲伤、孤独。

标记你听到及感受到的情感，并大声地将它们说出来。如果广告正在播放,做一个表,把演员们表达的情感全部列出来。

多做几次这个练习,并有意识地去注意你自己的情绪敏锐度是如何提高的。当倾听周围人的时候,你要认真地去了解对方表达出的情感。这样练习几周后,你就会发现,你对自我的觉察变得更加精确了。

下面介绍另一个练习:

1. 看一个电视节目或看一部电影。
2. 在几分钟内,对一到两个场景内出现的演员做情感标记。这个时间不要太长,因为情感标记的过程会很累,你也无法好好享受节目。
3. 然后做一些变化,只听节目的音轨,并对听到的情感做出标记。
4. 接下来关掉声音,只看画面。根据他们的非语言行为表现来标记他们的情感。
5. 写下你所观察到的东西,并把它们和描述情感的词汇联系起来。你可以在网络上找到许多描述情感的词汇列表。

这样在短时间内,你将在你的情感知识与情感体验之间创建新的联系,而你的情绪粒度正在逐渐发展。

是什么触发了你的情绪

下一步是去了解触发你的情绪的开关。触发器是一种环境线索,它会自动地激活一系列过去的行为模式,并且这种激活通常是在无意识的情况下进行的。我们每天的行为大多数都是无意识的,因为我们学习了成千上万种行为模式来应对生活中的各种情境。每一种行为模式都像一个电脑程序,虽然实际上可能会比电脑程序更为复杂。这些行为模式或脚本使我们能够去处理每天需要完成的乏味的日常琐事与世俗的工作,而我们不需要为此做出太多思考。

但这样做的缺点是,我们对生活的情感反应也被编码在了认知图式[①]里。例如,当哈利叔叔开始吹嘘他的政治观点,就会自然而然地触发你的一种情感体验。你有一套行为模式,它会在你的意识之外发挥作用。如果你没有意识到你的行为模式所释放出的情感,你就会因为情绪自我觉察的缺失而感到痛苦。

尽管我们有着数以万计的行为模式,但其实那些会让我们陷入困境的行为模式的数量是相当有限的。为了对自我觉察能力进行培养,我们需要审视自己的生活经历,并找到我们的触发器。让我们先从愤怒开始,每次只体验一种基本情感。第一步是要去找到三种会使我们愤怒的情境,把这三种情境写在一张纸上。

举个例子,你可能会这样写:

1. 我丈夫不听我说话时,我会很生气。

---

① 认知图式:人们为应对特定情境产生的认知结构。

2. 我的孩子不按我说的做时，我会很生气。

3. 当我的老板把一个庞大的任务随便在下班前丢给我时，我会很生气。

接下来，通过问自己以下几个问题，来确认你最近一次被激怒的情境：

- 我当时在哪里？
- 当时是一天里的什么时候？
- 我身边都有谁？
- 我听到了什么？闻到了什么？看到了什么？
- 我当时的情绪是什么样的？
- 我的身体感觉如何？
- 我的行为反应是什么（我做了什么）？

当你看到这些被揭示出来的内容时，你是否在愤怒的边缘发现了某种经常反复出现的触发器？如果你确实发现了，那么你可以通过问自己下面这些问题，来重新编写自己的行为程序：当我在此时此地，和这些人在一起的时候，我的情绪是否会被触发？如果会，我可以选择怎样回应我的情绪与感受？

去完善下面的描述：

- 当我感觉 _____ 的时候。
- 我很可能正在经历 _____ 。

- 我自动的反应是 _____。
- 那个时候我还可以选择 _____。
- 我的自动反应带来的结果是 _____。
- 未来我可以有意识地做出不同的选择 _____。

如果你花费十五分钟来完成这个练习,你将对自己内心自动的、无意识的行为模式有一个宝贵的认识。重复对不同的情感做相同的练习,你还可以去认识:挫折、悲伤、孤独、缺爱感以及无价值感。在做完练习之后,反思并写下你在练习中学习到的东西。

如何进行自我安抚

花几天来练习我列出来的所有练习，每天练习几小时。坚持下来你就能够清晰地认识到你自动化的情绪反应。当你能够意识到自己的情绪被触发时的情感体验时，对自己做情感标记，就像你对其他人做的那样：

- "我很生气。"
- "我很沮丧。"
- "我觉得自己不被尊重。"
- "我觉得没人愿意听我讲话。"
- "我很难过。"
- "我很害怕。"
- "我感到孤独。"
- "我觉得自己不被人爱。"
- "我觉得一切都没有价值。"

情感标记将你的情感体验具象化，使它进入你的意识层面，让你能够去选择如何应对它。你可能会做出或好或坏的选择。但重点是你不再无意识的反应了。认知自己的情感体验会帮助你重拾冷静，并减少自动化的反应。如果你想在情绪激动的时候找到对自己来说最好的选择，那去做这个练习吧，你会获得答案。

根据你经常体验到的负面情绪来完成下面的句子：

· 当我感到 _____ 的时候，我需要更加 _____。
· 当我感到 _____ 的时候，我需要更加 _____。

举个例子：

· 当我感到缺乏灵感的时候，我需要更多的灵感。
· 当我感到怨恨的时候，我需要（对我怨恨的人）更多的感激。
· 当我感到受伤的时候，我需要承担更多的责任。
· 当我感到无力、失去控制的时候，我需要更多的力量和控制力。
· 当我感到失去耐心的时候，我需要变得更加耐心。

当我和一个囚犯交谈时，我发觉自我情感标记的力量是非常明确的：

"嘿，道格，你肯定不能相信我身上发生了什么。"他说。
"是吗？丹尼尔，说说看？"

"好啊,这是前几天的故事,当时我在医务室排队,但有个家伙突然插到了我面前。"

"他这么做让你很生气。"我用情感标记的方式说道。

"当然生气了,但是很酷的事情发生了。通常来说,遇到这种情况我会非常愤怒,而且一定会追着他不放的。但这次,我没有,我和我自己说:'我很生气,我觉得我不被尊重,我很沮丧。'当我对自己做完情感标记,愤怒的情绪就消失了。我可以冷静地思考当时的情况。我决定不和那个混蛋打架,他是个混蛋,但他不值得我大动干戈。"

"那可真的是太棒了。你一定会对自己感到非常自豪吧,你能够认识到自己的感受,并且有意识地去选择自己回应的方式。"

"是的,我确实很开心。"丹尼尔对我说。

"做得好,伙计,我为你感到骄傲。"

那一刻,我认识到对自己做自我标记,是真的会有效果的。

如何达到超然无我的状态

在《当下的力量》(*The Power of Now*)一书中,埃克哈特·托利(Eckhart Tolle)描述了一种处于当下的信仰体系,在这种信仰体系中,人们不需要在意过去或未来。托利的一个著名的主张是:通过练习活在当下,我们能够将自己从痛苦的躯体中解放出来,以生活本身为中心活着。他将痛苦的躯体描述为负能量对躯体和精神的占据。我在读《当下的力量》时,对托利感到非常失望,因为他并没有就自己所提出的无我状态提供趋入的方法。托利所悟出的境界更多是通过启蒙经验,而不是通过多年系统的工作。然而,他关于无我的思想还是让我产生了共鸣。

我不确定那是在什么时候发生的,我想应该是我还在研讨会教导学员的时候。当我演示情感标记时,一些奇怪而奇妙的事情发生了。在大约十五到二十秒的时间里,我经历了无我的状态,而仅仅聚焦于讲故事的人的情感体验上。我关于"我"的感知消失了,我意识到了自己真正的本质。尽管我通过情感标记的方式参与着对话,但我似乎超然物外。当然,我还在讲课,所以直到后来过了一会儿，我才明白自己经历了什么。

当我有时间进行反思的时候，我才意识到通过情感标记，我一定是进入了托利所说的活在当下的状态。那是一种真正纯净的无我状态。哇！情感标记可能是一种精神实践！这是我所未曾期待过的新发现。和与我工作相关的所有其他事物一样，我很想知道在情感标记所导致的无我状态背后，是否有着任何神经科学相关的依据。在研究与调查了一段时间后，一个可能的解释浮出了水面。

西格蒙德·弗洛伊德（Sigmund Freud）在二十世纪初提出了"自我（ego）"的概念，他认为自我，或者说对自我的认知，是意识的根源。自我成了狭义"我（me）"的同义词，并最终带上了消极的属性，比如自私、自我中心、自恋。广义的自我则被认为是形容那些对自己评价很高，而对周围评价低的人。

在二十一世纪，先进的成像技术让神经科学家对自我的真正含义有了更细微的认识。在现代术语中，自我和自我参照相关，这是一种在环境与社会关系中思考自己的能力。自我参照的能力根基于一些研究者提出的所谓的"自我参照中心"，它由两个要素组成：反应性自我参照中心和刻意性自我参照中心。

在我们进行主观评价时，与大脑前额叶皮质腹内侧（偏中下部）相关联的反应性自我参照中心就变得活跃了起来。"把钱给我"，或者"它对我有什么意义"，就是反应性自我参照中心创造出的想法与相关联的感受。这部分脑区会接收负责恐惧、厌恶以及情绪性决策的情感中心的信号。它的大部分活动都是自动而无意识的。当我们的这部分大脑处于活跃状态，我们就能够体验到弗洛伊德所假设的自我。

当我们进行思考的时候,与大脑前额叶皮质背侧(偏上部)相关联的刻意性自我参照中心就变得活跃了起来。当我们想要知道其他人的想法与感受时,我们就需要思考。换句话说,当我们对他人做情感标记或对他人移情时,我们就进入了刻意性自我参照中心的思维过程。当刻意性自我参照中心处于活跃状态,我们就不再体验自我,而是体验到智慧与无私。

如果没有训练,我们会更多地与反应性自我中心打交道。因为这里处理的大多数工作都是自动化与习惯化的,利用这种模式会更加轻松。相较之下,刻意地用刻意性自我参照中心进行思考,就显得更为困难,这需要大量的主观能动性。在这种行为模式下,我们需要有意识地做出选择,来参与活动。这解释了为什么情感标记和核心信息提取并不会出现在我们的日常经历中。因为这两种技巧都需要我们付出努力去思考,如果不持续地练习,是无法形成习惯的。

但好消息是,通过简单且持续的练习,我们是可以达到无我的状态的。通过对他人进行情感标记和核心信息提取,我们可以锻炼自己的刻意性自我参照中心。这种练习可以帮助我们建立神经通路,并且随着时间的推移,这条通路会被强化。实际上,每当我们倾听和标记他人的情感时,我们就做了一次深度的精神练习。通过对他人进行情感标记、同理心倾听和核心信息提取,我们将能够体验到当下的力量。

我开始在研讨会中实践这一发现。当参与者们体验过对彼此做情感标记与核心信息提取后,我便要求他们注意自己的体验。

当我们进入汇报环节，一部分人的汇报确实没有什么戏剧性的展开，但另一部分人却对这种超然的体验感到非常兴奋。尽管这听起来很像轶事，但他们的故事却和我自身的经历联系了起来。仿佛有一种相似的、可重复的经验，可以在无我体验上共通一般。

尽管我们还需要通过更多的研究找到主观体验外的依据，但这种体验的高频率报告表明，在我们对他人做情感标记和核心信息提取的时候，一定有什么事情发生了。

本章小结

在本章中,我们学到了:

- 如何利用情感标记来使我们强烈的情绪缓和。
- 如何识别自己的情绪触发器。
- 如何重新对自己的行为模式进行编码。
- 对他人使用情感标记和核心信息法如何帮助我们在深刻的精神体验中感悟到超然无我的状态。

第九章
提升教育品质

我去年参加了一个拓展训练课程。可以说，比起这之前二十五年来我在学校参加的那些教师培训，这次训练是我人生参与的所有培训中最有价值也最有用的一个。

　　这次拓展训练真的非常有参考价值，不论是在工作上，还是在人际关系的处理上，对我来说都有着非常大的意义。所以我建议把这个拓展训练当作我们员工发展会议中的重要环节。另外，我想如果在课后集会或社团活动中运用这个训练，会对学生们产生极大的帮助。我知道有许许多多的学生家长真的需要去了解它。

　　它真的非常棒，我已经再次报名了。如果想用新方法去与人们建立更有效的联结，是需要足够的练习与支持的。同时我更希望能让这个训练变得常规化，希望所有的参与者能变成一个团体。

——保罗·杰曼（Paul Germain），
加利福尼亚高中教师

如何构建和谐的教育氛围

对于任何一个老师来说，课堂管理与纪律制订都是必须具备的核心能力。在三十人或三十人以上的班级中，维持秩序会是最主要的挑战。当然，这三十名学生可能各不相同：他们有的人已经做好了学习的准备，而有的人则没有；他们可能会有五花八门的需求，有人因肚子饿而分心，也有人因不确定的原因而感到情绪低落；他们有的人学习速度很快，有些人则没那么快。

无论是想培养学生们学习的兴趣，还是想要他们远离智能手机，又或者是希望吸引他们认真学习，你都需要拥有技巧、耐心与毅力。在许多学校里，老师没有那么多时间来应对情绪化的孩子。如果一个情绪化的孩子搅乱了纪律，对于所有人来说，最能够被接受的方案就是把他送去教导处。综上所述，想要有效地管理课堂是一件非常困难的事情。传统的教学管理仍坚持"试图"让学生们好好表现。在人年幼时期，孩子们对权威往往更为尊敬。对于那些常常表现出不端行为的孩子，强制措施往往被认为是最佳的选择。就像谚语中说的那样，人们认为"严师出高徒"。然而，虽然惩罚能够立马解决问题，掌控局势的发展，但这并不能解决问题的根本：到底是什么导致这个孩子做出不好的行为？为什么这个学生一点也不喜欢学习？对这个学生而言，他到底经历了什么样的情感体验？

现代的学生们接触着更多的信息，也有着更高的独立性。他们开始抵制对减少不良行为所实施的严格控制。在有些情况下，孩子们会挑战权威，因为他们知道教师所能够做出的惩罚是极为有限的。被请去校长室不再是一件令人恐惧的事情，反而变成了摆脱无聊环境的方式。惩罚开始起反作用。老师们意识到了这个问题，然而更多的感受是无力。学生也知道这一点，所以他们会去挑战制度的弱点。

下面我会介绍一些有效的课堂管理框架，如果将下面的内容和情感标记相结合，你将会拥有一套强大的课堂管理工具。

这些框架并不依赖于权威或专制，同样的，你需要掌握一些大学里没有教授过的技巧。其中一种框架，也是"平安文明校园计划（the Safe & Civil Schools Project）"的根基，就是我接下来要介绍的STOIC。

STOIC由五个部分组成。

1. 构建（Structure）：构建成功的课堂。
2. 教育（Teach）：教学生如何表现。
3. 观察（Observe）：观察学生的行为。
4. 互动（Interact）：与学生积极互动。
5. 纠正（Correct）：纠正学生的错误行为，以避免授课被打扰。

而情感标记则可以运用于 STOIC 框架后两个部分,即互动与纠正部分。如果你在课堂管理的过程中运用情感标记,你将会目睹学生们奇迹般的变化。当你的学生们发现你利用情感标记控制了局势,他们将自动学会如何像你一样做,自然而然而又毫不费力地吸收情感标记所带来的力量。不久后,他们就会对你做情感标记,到那个时候,你就可以因帮助他们提高了情商而感到自豪了。

接下来,让我们介绍五种在社会与情感领域非常重要的因素,这五种因素与情商和决策行为高度相关,并且也是课堂管理的关键:

1. 自我觉察。
2. 自我管理。
3. 社会觉察。
4. 人际关系技巧。
5. 负责任决策。

现在,问问自己下面这个问题:是不是每一个学生都知道如何在学校里做一个关心他人、尊重他人、勇于承担责任的人?社会总是倾向于让家庭去教导孩子学习如何应对社会交往与情感。然而,现如今我们看到,家庭并没有能够很好地完成这项任务,负担开始落在老师们身上。而一个教师的职责,就是要去确保孩子们能够有机会发展自己的情商。

STOIC框架中的O是指观察（Observe），但是我们应该去观察些什么呢？我们的目的是预测并确认孩子们的情感体验。举个例子，大家都知道，中学生们都会经历人生中非常具有挑战性的阶段：青春期。伴随着荷尔蒙的增加以及身体的成长，这些孩子们的情感体验也同样在产生着变化。

下面让我们来做一件事情。请把一张纸分为几块，每块上写下下面列出的标题。让我们来填充一些学生可能会产生的情感体验：

- 对自我的情感：_____。
- 对父母与成人的情感：_____。
- 对同龄人以及朋友的情感：_____。

把你自己写的内容和其他老师写的做一个对比，你会发现，其实学生所能表现出的情感与行为是有限的。你会一次又一次地看到同样的行为表现和同样的情感表达。不论孩子们觉得自己有多么独特，他们的行为都是可被预测的。下面让我们介绍另一个简单的练习，来帮助你理解学生们的情感体验。你需要先完成下面列出的每一个句子：

- 有一个学生做了：_____。
- 他或她可能感到：_____。
- 他或她没有被满足的情感需求可能是：_____。
- 针对他或她未被满足的情感需求，我应当做出的第一回应是：_____。

・**我这样做的结果是**：_____。

・**我还可以做出不一样的选择**：_____。

当你已经提前思考过你的学生潜在可能出现的情感体验的范围，你就可以准备好进行情感标记了。

如何与孩子进行正向互动

STOIC 里的 I 是指互动（Interact），也就是说积极地与孩子们进行沟通。对那些行为不端正的孩子则尤其需要积极互动。你会经常需要做情感标记来帮助自己完成这项工作。让我们通过一些日常情境，看看如何通过情感标记与学生进行积极的互动。

现在，你的班级里有一名学生经常打断授课。你要求她在下课后与你进行一段简单的交谈。

你："萨丽，我想知道，当你出声打断老师上课的时候，你是什么想法？"

萨丽："我怎么知道。事情就这么发生了，我也控制不了我自己。"

你："好，那么打断老师上课让你感觉怎么样？"

萨丽："我很兴奋。"

你："你很兴奋。"

萨丽："是的，我喜欢做第一个回答问题的人。"

你:"第一个回答问题让你感觉如何?"

萨丽:"我感觉很棒。"

你:"你感觉很棒。那换个角度,你觉得在我叫你回答问题之前,你就打断了我,这会让我感觉怎么样?"

萨丽:"我不知道。"

你:"没事,你可以猜一猜。如果你是我,会是什么感受?"

萨丽:"我猜我会觉得很烦躁。"

你:"是的,没错。当你打断我的时候,我觉得很烦恼。"

萨丽:"嗯。"

你:"当你打断我的时候,你感觉很棒,而我觉得很烦恼。这可能不太好。"

萨丽:"我觉得也是。"

你:"当然,我想让你在课堂上感到兴奋和快乐。但我也不希望自己感到烦恼。除了打断上课外,你还能做些什么让你感到快乐呢?"

萨丽:"我不知道,你是唯一一个愿意听我说话的人。"

你:"你觉得没有人听你讲话,你家里也没有人听你讲话吗?"

萨丽:"没有。"

你:"你感觉很难过,因为没有人愿意关注你。你觉得自己被忽视了。你感到很孤独。"

萨丽:"是的。"

你:"而且你喜欢让我关注你,即使你知道这样的打扰会让我觉得困扰。"

萨丽:"是的,没错,就是这样。"

你:"要不这样吧。你愿不愿意在放学后和我来一次私人的会谈？我会好好地听你说话的。"

萨丽:"哇,那真棒!"

你:"那作为交换,你愿不愿意控制一下自己在课堂上打岔的行为？我不会无视你,我也会叫你起来回答问题,只不过可能不会每一次都第一个叫你起来回答问题。"

萨丽:"好的。"

你:"你真棒。那你想要什么时候开始我们的谈话？"

萨丽:"今天？"

你:"当然可以,那我们放学后就在这儿见好吗？"

萨丽:"好的,谢谢你。"

你:"不用谢。"

萨丽一定生活在一个情感冷漠的家庭中,因为在家的时候她感觉自己不被倾听。她在课堂上的打断只不过是一种为了满足自己情感需求的无意识策略。其他人可能会说,她缺乏对冲动的控制,这很没有礼貌,很具有攻击性。但这些评论并不会帮助她解决这个问题。

在这段对话中,你花了一些时间来帮助萨丽搞清楚在她这样表现的时候,她内心的感受是什么。当你一点点去剖析她行为的同时,她也慢慢地意识到了这种行为对你产生了一种什么样的影响。尽管她不能明确地辨识你的情绪,但你已经表达出了自己的困扰。比起告诉她让她不要这样做,你只是简单地陈述了问题。萨丽只是想感到开心,而这导致了你的困扰。她也承认这种情况是不好的。由于这个问题是由萨丽觉得自己没有被人倾听所导致的,解决方法就很明确了:当你和她每天进行一段简短的交流来满足她的需求,你所面临的问题也会同步解决。你可能会发觉在几次对话之后,萨丽的需要被满足了。当她需要别人倾听的需求被满足之后,她需要你倾听的次数就会慢慢地减少。

就像生活中许多其他事情一样,付出一些时间做某些事情,通常会在未来带来巨大的收益。然而问题是,未来的回报是无形且不确定的,然而前期的付出,也就是说你的时间,是宝贵而有限的。大多数人都想要规避风险,他们不愿意在看不到回报的情况下付出自己的时间。但我相信,当你开始练习对孩子们做情感标记时,你会发现比起他们巨大的变化来说,这点时间是多么微不足道。

另一个常见的情境是学生上课分心的情况。分心可能是由许多因素导致的,有时候倾听到底发生了什么,会帮助你产生更深刻的理解。下面是另一个课后对话案例,你通过倾听进行了学习,同时也能帮助你的学生验证自己的情感体验。

你:"蒂莫西,我们都知道你上课分心,上课给你的感觉是什么样的呢?"

蒂莫西:"我觉得上课特别无聊。"

你:"你觉得必须要待在教室里上课让你感觉既无聊又不开心。"

蒂莫西:"是的,我不知道我们为什么要学这些没有用的东西。它们对我来说毫无意义,所以我就不好好听课。"

你:"当你不好好听课的时候,你有什么感觉?"

蒂莫西:"我感觉非常放松。"

你:"所以当你不听课的时候,你感到开心而放松。"

蒂莫西:"是的,没错。"

你:"那么你觉得,你需要什么样的感觉来帮助你认真听课呢?"

蒂莫西:"我不知道。"

你:"好的,那让我换个问题。你觉得发生什么变化,才能让你觉得上课是一天中最能让你感到兴奋的事情呢?"

蒂莫西:"你在说些什么?"

你:"需要怎么做才能让你觉得上课是一天中最能让你感到兴奋的事情。"

蒂莫西:"我不知道。以前没人这么问过我。"

你:"不错,运用你的想象力,如果你愿意的话,你也可以搞点怪,让我们来列出那些能让上课变得兴奋的事情。"

蒂莫西:"好吧。如果我和我的朋友能上课的时候一起玩电子游戏,那就太酷了。"

你:"有趣。还有呢?"

蒂莫西:"上课的时候可以听很酷的音乐。"

你:"不错,还有吗?"

蒂莫西:"我不知道还有什么。上面这些就挺酷的。"

你:"当你想象可以在课堂上玩游戏、听音乐的时候,你感觉特别兴奋。"

蒂莫西:"是的,这会非常酷。"

我:"说实话,我愿意考虑你说的这些点子,只要你愿意为我做一件事。你需要给我一些建议,怎样把你的点子和你正在学习的东西联系在一起。"

蒂莫西:"你说的是什么意思?"

你:"你来到学校的目的是为了学习,但这并不意味着你需要一直感觉到无聊。然而,我必须为改变我的课堂计划找一个好的理由。如果你能够给我一个好的理由,让我能够跨越我的准则,那么我们也许能够做一些不一样的事情。你愿意来提供一些意见吗?"

蒂莫西:"是的,当然。"

你:"太棒了。等你完成之后,我们可以再讨论一下。也许你会想要认真地听听课,这样你就能够找到你的点子与课程之间的交集;如果你不好好听课的话,那你的点子可能不会真的奏效。"

蒂莫西:"好的,我知道了,谢谢。"

你:"不用谢。"

蒂莫西提出有效点子的可能性很小,趋近于零,其实你是明白的。但这并不是这段对话的重点。你的目的是深度地去倾听蒂莫西,并和他接触。当你认真倾听他的话,并且不去评价他的观点,他的感情就被承认了。你通过合作的方法肯定了他所持观点的价值,并且通过让他提出合理的建议,吸引他重新对上课产生兴趣。你要求他的点子必须被其他大众认可,而不只是通过你的审查。所以他会知道,假如他想得到校长的同意,就必须做到足够好。

之后蒂莫西可能会认真听课，也可能不会。然而不论结果如何，你已经用一种新的方式与他做了约定。通过倾听，你表达了对他的尊重。这样他就会尊重你，并且他会在无意识中做出更多的努力，来维持你对他的尊重。

大多数学生都是尊重老师的，但有些学生确实不这样。当面对不尊重的时候，如何在不利用权力的前提下使学生屈服？下面让我们来看一个典型的例子：

学生："滚开！"

你："你很生气，很恼火。"

学生："我就是很生气。"

你："你觉得自己不被尊重。"

学生："没错。"

你："没有人倾听你说了什么，你感觉没有人支持你。"

学生："嗯。"

你："你很难过，因为没有人理解你。"

学生："是这样，不过你是怎么知道的？"

你："你感觉没人爱你，没人对你有所期待。"

学生："没错，我连坨屎都不如。"

你："你觉得自己不值得被爱，你觉得自己没有一丁点儿价值。"

学生："是的。"

你："好的，那么……"

在太极拳中，有一个概念叫作借力打力，是指用对方的力量来击败他。情感标记和这个概念非常类似。我们是在利用学生们的情感来倾听他们，而不是用自己的想法去回应他们。在上面的情境中，你单纯的反应了学生隐藏在不尊重他人表现下的情感，而当你这么做了之后，一些重要的东西浮出水面。你明白你的学生之所以做出这样的行为，是因为他对自身的厌恶以及无价值感。和大众采用的运用权威力量来进行惩罚的方法相比，你的做法是更有包容力的。最后，你的同理心给你的学生上了寓意深远的一课。

你可能想知道这种事最后该如何处理，对学生的不良行为可以有很多种处理方式，然而如果你想要得出一个通用、有效的方法，你就必须保证处理问题的时候，学生并不处在一种情绪激动的状态。最好的方法就是让对方先冷静下来，然后再去考虑如何解决问题。这一章的后半部分，我们会讨论如何对问题进行处理。

应对愤怒的学生是另一种常见的挑战。然而实际上，应对愤怒的学生不需要被看作是一件棘手的事情。下面我们将介绍如何倾听正在发火的学生。

学生："他让我滚出去，我知道是因为他不喜欢我！"

你："你很生气。"

学生："他点名让我回答问题，我知道答案的，但他为了让我出丑故意说不喜欢我的答案！"

你："你觉得他不尊重你。"

学生："我当面和他说他做得不对，他就让我滚出去！我根本不在乎他愿不愿意让我上他的课，反正我根本不想上他的课！"

你："你觉得自己被深深地侮辱了。"

学生："他应该被炒鱿鱼！他总是做类似这样的事情。"

你："你很生气。"

学生："是的，不过你是怎么知道的？"

你："你觉得自己不被爱，也不被需要。"

学生："好了，现在我妈该来揍我了。"

你："你很害怕。"

学生："但这明明是他的错！他让我看起来就像个傻子！"

你："你觉得自己被错怪了，你觉得自己没有做错事。"

学生："真是太糟糕了。"

你："你真的很沮丧。"

学生："是的。"

记住，你的首要目的是让学生冷静下来，从而使事态平静。你会发现，对你的学生做情感标记让他们冷静下来的速度，远比否定、体罚或恐吓他们来得快。当你得到了他的认可，你们就可以步入解决问题的环节了。

如何与家长开展建设性交谈

我们的社会抱持着一种正义等于惩罚的概念，因此威慑、惩罚、报复、滥用权力反而有了正当的理由。然而实际上几乎没有事实数据可以证明以上任意一种行为具有积极作用。大多数的惩罚理论解释说，行为不端者内心需要这样的痛苦，因此学校开始联合那些严厉打击犯罪的倡导者，对不良行为采取零容忍政策。

《美国社会学评论》（*American Sociological Review*）上刊登了一篇由贝瑞阿·L.佩里（Brea L.Perry）和爱德华·W.莫里斯（Edward W.Morris）合著的论文，论文指出，严苛的纪律实际上对任何人都没有好处，包括那些没被停学的学生。研究人员利用来自肯塔基大学纪律研究（Kentucky School Discipline Study）的数据，研究了停课的学生是否以及如何影响非停课学生的学习成绩。他们发现："随着时间的流逝，停课学生的比例越高，非停课学生的学业成绩下降得越严重，甚至在降低了学校的暴力水平与平复了组织混乱之后，这种影响仍旧存在。"简而言之，行为端正的学生会受到强制性社会控制的影响，例如勒令停课和驱逐行为不端的学生。

老师们不想容忍学生的不端行为,因为他们理所当然地希望课堂环境能够安静而和平。他们也有维持权威与力量的需求,这些都是合理的。但问题是如何有效地达到这个目的。

有效的学校纪律需要教师、管理者和家长的共同协作与努力。但是说起来容易做起来难,因为时间和资源会制约所有的利益相关者。然而,一个有效、积极的纪律体系是公平而循序渐进的,它关注学生的核心问题,并能保证教学活动的正常进行。就像罗恩和罗珊·克拉森(Ron and Roxanne Claassen)在《修复纪律》(*Discipline That Restores*)一书中所表述的那样,合理地设计与执行修复性的司法实践方案,已被证明是非常有效而积极的学校纪律准则。任何积极的学校纪律制度的基础,首先都是老师学会对学生进行情感标记。然后才是对问题解决达成协议,纠正错误,并预防未来可能会的发生不端正行为。

如何倾听愤怒的家长

每个老师都曾面对过愤怒的家长。这种面对面的遭遇从来不是愉快的,而且对老师来说,在这种情况下保持专业显得尤为困难。学会对愤怒的家长做情感标记,将为你提供一种强有力的工具,使你永远不会沮丧而生气。你可以游刃有余地应对那些侮辱你、恐吓你、不尊重你的父母,并快速地让他们平静下来,带领他们与孩子展开建设性的交谈。

面对怒气冲冲、难以对付的家长,你可以采用如下基本策略:

1. 对家长此刻的情感体验做情感标记。
2. 等家长冷静下来后，对他们的话语做核心信息提取，以便展开交流（核心信息提取的技巧请查阅本书第五章）。
3. 把问题归类为你能控制的与不能控制的。（你不能控制的问题包括学校政策、课程，以及课堂外的突发事件。如果家长的问题与上述情况有关，你应该建议他们去询问相关人员。）
4. 向家长寻求解决方案。（如果家长可以提供解决方案，你们就可以进行进一步的协商。有些问题可以商量，有些则不能。如果这个问题对你来说不可商量，你就需要对某些可以商量的事情妥协。所有人都喜欢交易。在这一点上，你最好能提前列个表，想想哪些事情是可商量的。）
5. 如果你能够解决问题，那么就去解决，担负起你的责任。
6. 如果能做到的话，请与家长达成协议，确保他们在家也会解决问题。（记得完善这份协议，并规定好双方的责任。）
7. 把协议写下来。（我知道这听起来有些不可思议，但是口头协定总是不如书面协定来得那么有约束力。）
8. 在几个星期内跟进这个问题，看看家长是否有什么变化。

下面这个例子将告诉你如何对一个愤怒的家长进行情感标记。

家长："我不能理解你为什么只给迪尔德丽C的评级。她毫无疑问应该得A的。我觉得你不能胜任老师的角色。"

你："你感到愤怒而沮丧。"

家长:"是啊,你怎么能给我们家宝贝这么低的成绩!"

你:"你担心迪尔德丽的将来。"

家长:"好吧,我知道这只是三年级的成绩,但她这样怎么能去医学院或法学院呢?"

你:"你担心迪尔德丽这一生不会获得成功。"

家长:"是的。"

你:"你觉得在教育孩子的过程中,自己是孤立无援的,你认为别人都不关心你。"

家长(哭泣):"是的。"

你保持安静,以便家长能够处理好情绪:"你愿意做一个计划,来帮助迪尔德丽顺利完成学业吗?"

家长:"可以吗?我能做什么?"

这段对话是从一种非常经典的情形开始的,家长直接地指责你,认为你有问题。大多数时候,当家长开始责备老师时,他们所感受到的情感是非常非常复杂的。由于缺少自我觉察,家长们开始寻找自己不舒服的根源,并把矛头指向了老师,也就是你。下次当你经历这样的责备时,请一定要意识到,尽管对方非常失礼,但问题的根源并不在你。

你要做的,是保持冷静,并通过情感标记来找出隐藏在愤怒与沮丧下的感情。当你这样做了之后,家长们将获得安全感,这也会成为你们深入讨论的契机。当你单纯地去反映了对方的情感,你对迪尔德丽妈妈的恐惧就有了觉察。当你再用情感标记去验证你的猜想,她的回答又进一步证实了你的想法。最终,你们找到了问题的关键:迪尔德丽妈妈的恐惧与无助。能做到这一步非常棒。下一步就是邀请这位母亲来参与问题解决会议,并在会上给予她合作与支持。

家长:"我觉得你布置的作业太多了,雷蒙德下课后根本做不完,这影响了我们的家庭活动。"

你:"你因为雷蒙德作业太多而感到沮丧恼火。"

家长:"是的,我的意思是,真的,一晚上要做四页数学题。你不觉得对一个初一的学生来说,这实在是太多了吗?"

你:"你很焦虑。"

家长:"不,我觉得我更多的是担心。"

你:"雷蒙德有向你抱怨过作业多吗?"

家长:"没有。"

你:"唔,好的,这样说吧,雷蒙德作业做得非常棒,他也一直在班里保持着顶尖的成绩。他是我最棒的学生之一。"

家长:"我知道,他为此感到非常骄傲。但这就是问题所在了。他需要一直学习,甚至都没时间陪我了。"

你:"你感觉自己被雷蒙德抛弃了。"

家长:"好吧,你知道,他是我最好的朋友。"

你:"所以你感到孤独。"

家长:"是的。"

你:"雷蒙德怎么看自己的作业量?"

家长:"他喜欢做作业,这就是他想做的事情。"

你:"你为他的学业成绩感到骄傲。"

家长:"是的,我的确很骄傲。"

你:"与此同时,你觉得自己被抛弃了,因为在完成作业和陪你两件事中,他选择优先做前者。"

家长:"是的。"

问题其实不是作业过多,而是父母的孤独感和与孩子之间糟糕的界限感。在这个案例中,你被迫为亲子之间的沟通不足而"背锅",因为雷蒙德仿佛将作业当成了一种借口,而不是真的被作业压得喘不过气来。你没有表现出反击,而是通过情感标记来了解整个问题,直到矛盾点浮出水面。家长也许通过这次谈话了解了问题的根源,也许没有。但你用一种家长能接受的方式,反映了他所拥有的这些矛盾的情绪,从而给出了许多有价值的帮助。通常来说,家长们会看到矛盾,并意识到问题出于他们自身,而不是你。

家长:"杰米在学习这门公共课上感到很吃力,她非常沮丧,因为课程实在太难了。"

你:"你担心杰米对付不了这门课程。"

家长:"是的,他总是在抱怨这件事。"

你:"你对他的抱怨感到厌烦。"

家长:"我确实感到烦了。我知道这门课需要付出更多努力,我支持这一点。但就没有什么更简单易懂的教学方式,能改变一下这种情况吗?"

你:"你对这门课并不反对,只是因为没有捷径而沮丧。"

家长:"是这样。"

你:"你愿意和我讲讲在家里你如何给杰米学习支持吗?"

家长:"好吧,我们大多数时候都是让他自己努力。"

你:"你愿意想一些方法来支持他吗?"

家长:"当然愿意。"

多棒啊!这是一个真正关心孩子的父母,她在为孩子未来的成功投资。相较于直接攻击性地反击或降低课程难度,你花费了一些时间使用情感标记,来确认了她的感情诉求。一旦你明白了家长真正关心的问题,你们就可以快速进入问题解决模式。记住这条准则——先降火,再解决问题。

大多数人都喜欢直接跳入问题解决环节,而从不试图去了解或确认情感诉求。这往往会导致对方产生被忽视与不被尊重的感觉。花一点时间去关注家长的情感体验吧,你会发现问题解决的过程变得非常顺利,而父母们也会非常感激你。

下面这个例子里,家长不承认自己的孩子是个懒惰、没有动力、不上进的孩子:

你:"感谢你的到来。我很担心亨利。他的成绩很不好。他看起来似乎一点儿学习动力都没有。我想和你聊聊这件事,我想我们可以制订一个计划来帮助他。"

家长:"嘿,我觉得我的孩子做得挺好。他是足球队里的明星,而且非常受欢迎。他对运动与学校充满了兴趣。"

你:"你对亨利的体育成就感到骄傲。"

家长："我当然是这样感觉的。"

你："好的，你怎么看待他的学业表现？"

家长："老天爷，他又不是爱因斯坦，除此之外，他做得还不错。"

你："你对他的学业表现很满意。"

家长停顿了一下，说："好吧，并不，但他并不那么差。"

你："你有一点焦虑，你担心他做得其实没那么好。"

家长："好吧……你看，他会变好的。"

你："其实你真的很担心他的学习成绩，并且不知道该怎么办才好。"

家长："好吧，是的，我猜你说得对。"

你："你有点害怕他会在学校失败，害怕这会毁了他在足球方面的机会。"

家长："是吧，有一点。"

你："如果亨利没能走上作为足球运动员的道路，浪费了他的天赋，你和你的妻子将会非常非常难过。"

家长："是啊，我们会很失望。"

你："如果亨利没法完成学业，你和你的妻子会很失望。"

家长点头："是啊。"

你："好的，你愿意和我一起为他制订一个学习计划，帮助他成功吗？"

家长："当然愿意！"

这次谈话与其说是为了缓和家长的情绪，倒不如说是为了帮助那些无能为力的家长改变孩子的学习状况。要知道，如果没有父母的帮助，帮助亨利将是一件非常困难的事情。了解父亲的情感是帮助他的第一步。在某个时刻，你可以做一个反向的情感标记，不需要去问任何问题。这是情感标记的一种更高级的应用。在反向情感标记时，你标记了与那些你认为存在的情绪完全相反的东西。

当应对那些不愿意承认事实、无法面对耻辱感，或会因真实情感而感到尴尬的人群时，这个技巧将非常有效。下面让我们看看这种方法是如何起作用的：

你："你觉得他的学业表现怎么样？"

家长："老天爷，他又不是爱因斯坦。而且除此之外，他做得都不错。"

你："你对他的学业成绩很满意。"

家长停顿了一下后说："好吧，并不，但他也没有那么差。"

你："你有点焦虑，你怕他表现得其实没么好。"

家长："好吧……你看，他会变好的。"

你："其实你真的很担心他的学习成绩，并且不知道该怎么办才好。"

家长："好吧，是的，我猜你说的对。"

在这段案例中，通过表达"你对他的学业成绩很满意"，你帮助这位父亲处理了他自己无法处理的担忧。不要通过问句来做反向情感标记，例如，问"你对他的学业成绩满意吗"是错误的。这种提问会触发另一种不同的反应机制。这位父亲知道自己不满意,但他否认了自己的担心。问他是否满意可能被当作一种批判、一种轻视,或是一种讥讽。他的回应势必会变得具有防御性,并且他很可能会生气。

纠正一个错误的情感标记比回答一个问题更加容易。因为回答问题首先需要调动更多的认知处理能力,其次会让人觉得弱点被揭穿,从而感到不适。我总是感到惊讶,这点小小的表达方式上的变化,竟然能如此有效地帮助人们快速地冷静下来。

一旦亨利的父亲意识到自己其实并不开心,你就要继续对他进行情感标记,直到他意识到如果亨利失败了,他会有多么伤心难过。到了这一步,你们就可以解决问题了。有时候,家长会傲慢而恼火地觉得家长会就是在浪费时间。傲慢通常象征着一种深层次的不安全感,这种不安全感来自于对依恋的需求以及对被拒绝的恐惧。傲慢是防止伤痛产生的防御机制。

你:"感谢你能来聊聊你女儿的进步。"

家长:"家长会就是在浪费我的时间。你知道我每小时能赚多少钱吗?"

你:"你因为和我见面而感到生气、沮丧。"

家长:"我是这片地区最大的老板,你的学生家长有一半都是我的雇员。"

你:"必须与我会面这件事,让你觉得自己不受尊重,自己的身份被贬低了。"

家长:"我需要和学校的董事会主席来聊布兰达的情况,我可是资助了他的竞选活动的。"

你:"你觉得自己没有得到应有的尊重。"

家长:"完全正确,为什么我要和一个小喽啰老师打交道?"

你:"你觉得和我说话贬低了自己的身份,侮辱了你的尊严。"

家长:"你说的没错,不能更正确了。好了,那我还在这里干什么呢?"

你:"你女儿布兰达在数学学习方面有一些问题。"

家长:"那是她妈妈的责任,不是我的。"

你:"你觉得处理这些事情让你很沮丧。"

家长:"当然了,难道你不会因此感到沮丧吗?"

你:"你对布兰达的母亲感到失望与愤怒。"

家长:"这也是我们离婚的原因。"

你:"所以你觉得自己现在正在处理布兰达母亲应该处理的问题,这让你很恼火。"

家长点了点头:"是这样没错。"

你:"好的,现在你也知道自己的困惑所在了,你愿意和我一起给布兰达制订一个学习计划,来帮助她成功地学习数学吗?"

家长叹息道:"我猜我愿意。"

你:"你因为不得不承担这项义务而感到愤怒。"

家长:"我真的非常非常忙,并且我的工作非常重要。我当然很生气。"

你:"布兰达数学成绩不好,你有什么感觉?"

家长:"很显然,她没有好好努力。这可能是因为她母亲的疏忽。"

这是一段艰难的对话，这位父亲一次次地羞辱你。他缺少自我觉察，并且以自我为中心，觉得自己非常重要，非常有影响力。正常人的反应是让他回去，并把他归类为一个傲慢而不尊重他人的父亲。在这个案例中，你维持住了自己的本心，并没有让他的情绪影响到你。最终，局面有所突破，而你也可能面临着这样的结局：

你："你对你和布兰达母亲的关系非常不满。"

家长："是的，非常不满。所以布兰达正在受苦。"

你："你很担心布兰达。"

家长："是的，我担心她。我知道她数学学得不好，但我没办法说服她的母亲帮助她完成作业。"

你："你对布兰达的作业感到有些无能为力。"

家长："是的。"

你："并且你因为没办法帮助她而感到愧疚。"

家长轻轻地说："是的。"

你："你愿意聊聊关于帮助布兰达完成学业的方法吗？"

家长："当然，我愿意。"

你："太棒了。"

这位父亲终于明白了自己对女儿的羞愧和恐惧。虽然他一直在责怪布伦达的母亲，但他知道其实自己也肩负着同样的责任。通常情况下，他的自尊心会使他拒绝承认自己的无助和羞愧。情感标记的一部分力量是非批判的。你只是反映了说话人的情感体验。当你成为情感的镜子，说话的人便可以开始处理那些难以处理的情绪。

最重要的准则是，永远不要对挑衅做出反应。这个人曾被深深地伤害过。他通过经济上的成功得到了心灵上的补偿，但他的成功让他变得难以理喻。他可能从未体验过真正的倾听。然而，他确实爱他的女儿，并且的确感到无助。他实际上是在寻求帮助，但并不知道如何做才能显得不软弱。情感标记是给陷入无助漩涡的他投下救生圈的一种绝佳方法。

本章小结

在本章中，我们探讨了教师应该如何利用情感标记来帮助学生和家长。下面是本章的重点总结：

- 情感标记是一种有效的课堂管理工具，它能够帮助你安抚沮丧的学生，并发展他们的情感智力。
- 根据年龄、社会、认知的发展，学生有着不同水平的情感分类与情感粒度。
- 花时间去理解学生的情感生活，对管理他们在课堂上的行为有很大帮助。
- 承认一个学生的情感体验，将会带来巨大的作用。
- 记得先平稳情绪，然后再解决问题。
- 强制性、惩罚性、零容忍的纪律体系的优越性并没有得到任何实际证据的支持。
- 在应对愤怒不安的家长时，情感标记和核心信息提取将是很好用的工具。当情绪不稳定的家长变得平静后,你们就可以一起寻找解决问题的方法了。

后 记

在如今这个充满对立和冲突的世界里,我们不应该再把和平看作一个名词,它应该是一个动词。我们每一个人都有创造和平的义务。和平不是靠近,也不是卿卿我我。就像我和囚犯们说的那样,做一个和平创造者,是人这一生能做的最困难的事情之一。

冲突涉及强烈的情感、肮脏的言辞以及不礼貌的行为,甚至有时候会造成暴力。和平推动者之所以会踏入这片泥潭,是为了实现两个目标:帮助人们恢复冷静并解决问题。这个过程并非线性而可预测的,大多数时候也并不那么有趣。但对于二十一世纪乃至以后来说,这将会是一项非常重要的技能。就像甘地所说的那样:"假如我们继续像现在一样以眼还眼,以牙还牙。那么很快,我们将会生活在一个没有光明、没有希望的世界里。"现在许多公职人员的表现是非常不文明的。他们甚至无法用冲突以外的方式解决矛盾。因此我们必须采取对策,我们必须让自己成为周围人的楷模与导师。

然而仅仅意识到这种责任是远远不够的。创造和平所利用的技巧往往都是违反直觉的,只有通过实践才能掌握。我们必须去对抗那些程式化的反应,去对抗我们的刻板印象,去对抗道德感的削弱。由于这些偏见与观念在我们的内心根深蒂固,并且会在无意识状态下控制我们,想要识别并对抗它就更为困难了。

我将目前为止我所学过的最有效的调解技巧都写在这本书里了。随着人类对大脑以及思维认识的不断深入,我希望我们能获得更多方法。但就目前而言,书中所讲述的技巧是训练人们在积极回应强烈情感的同时,不失去镇定与控制的基础。

当然,阅读不能代替实践。并且和任何一种新技能一样,练习就代表着犯错。你将会笨手笨脚地开始情感标记,而且你有可能会被回绝。这些回绝并不意味着你所学习的技巧是没用的,这只能说明你可能还不够熟练,或者没有选择好正确的时机。你可以把这次经历作为一个小的经验教训,而不是因此认为情感标记毫无作用。等练习几周后,你就会发现自己能够自然而然地倾听情感,并顺利地做情感标记了。当这一切成为习惯,你将开始注意到你身边的人们那令人吃惊的反应。争论会很快被化解,而你会被另一个人深深地感谢,因为你是那个"终于理解"了他的人。

我希望这本书能被更多的人阅读,书里讲的技巧能够在日常被运用于我们的家庭、学校、社区和机构中。我希望组织的领导者们能够利用这些技巧使员工的工作变得更有效率。我希望家长停止否认孩子们的情感,希望他们能好好地思考孩子们真正的体验。我希望老师们能够通过了解孩子们的情感状况,适当地回应孩子们的需求,来使他们更喜欢学习。即使只有百分之一或百分之二的人定期地做书中的练习,但我相信不久之后,我们一定会看到一种截然不同的文化氛围。

我一直以来都对故事很感兴趣。如果你有好故事，可以通过我的个人网站 www.dougnoll.com 联系我。现在，去创造和平吧！